对接世界技能大赛技术标准创新系列教材

技工院校一体化课程教学改革模具制造专业教材

模具零件数控机床加工（数控车削加工分册）

人力资源社会保障部教材办公室　组织编写

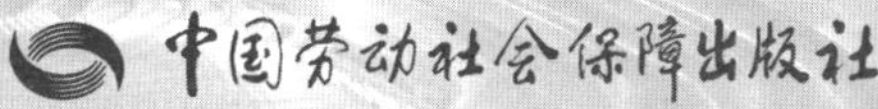

内容简介

本套教材为对接世赛标准深化一体化专业课程改革模具制造专业教材，对接世赛塑料模具工程、原型制作项目，学习目标融入世赛要求，学习内容对接世赛技能标准，考核评价方法参照世赛评分方案，并设置了世赛知识栏目。

本书主要内容包括模具导柱与导套制作、杯子模具制作。

图书在版编目（CIP）数据

模具零件数控机床加工. 数控车削加工分册 / 人力资源社会保障部教材办公室组织编写. -- 北京：中国劳动社会保障出版社，2021

对接世界技能大赛技术标准创新系列教材　技工院校一体化课程教学改革模具制造专业教材

ISBN 978-7-5167-4973-9

Ⅰ. ①模…　Ⅱ. ①人…　Ⅲ. ①模具 – 零部件 – 数控机床 – 车削 – 技工学校 – 教材　Ⅳ. ①TG760.6

中国版本图书馆 CIP 数据核字（2021）第 176366 号

中国劳动社会保障出版社出版发行

（北京市惠新东街 1 号　邮政编码：100029）

*

北京市白帆印务有限公司印刷装订　　新华书店经销

880 毫米 ×1230 毫米　16 开本　10 印张　234 千字

2021 年 9 月第 1 版　　2021 年 9 月第 1 次印刷

定价：27.00 元

读者服务部电话：（010）64929211/84209101/64921644

营销中心电话：（010）64962347

出版社网址：http://www.class.com.cn

http://jg.class.com.cn

对接世界技能大赛技术标准创新系列教材

本书编审人员

主　　编：陈建立

副 主 编：潘焯成　宋爱华

参　　编：胡文玲　曾浩杰　钟世雄　林楚雄　黄晓梅

主　　审：沈建峰

序

世界技能大赛由世界技能组织每两年举办一届，是迄今全球地位最高、规模最大、影响力最广的职业技能竞赛，被誉为“世界技能奥林匹克”。我国于2010年加入世界技能组织，先后参加了五届世界技能大赛，累计取得36金、29银、20铜和58个优胜奖的优异成绩。第46届世界技能大赛将在我国上海举办。2019年9月，习近平总书记对我国选手在第45届世界技能大赛上取得佳绩作出重要指示，并强调，劳动者素质对一个国家、一个民族发展至关重要。技术工人队伍是支撑中国制造、中国创造的重要基础，对推动经济高质量发展具有重要作用。要健全技能人才培养、使用、评价、激励制度，大力发展技工教育，大规模开展职业技能培训，加快培养大批高素质劳动者和技术技能人才。要在全社会弘扬精益求精的工匠精神，激励广大青年走技能成才、技能报国之路。

为充分借鉴世界技能大赛先进理念、技术标准和评价体系，突出“高、精、尖、缺”导向，促进技工教育与世界先进标准接轨，完善我国技能人才培养模式，全面提升技能人才培养质量，人力资源社会保障部于2019年4月启动了世界技能大赛成果转化工作。根据成果转化工作方案，成立了由世界技能大赛中国集训基地、一体化课改学校，以及竞赛项目中国技术指导专家、企业专家、出版集团资深编辑组成的对接世界技能大赛技术标准深化专业课程改革工作小组，按照创新开发新专业、升级改造传统专业、深化一体化专业课程改革三种对接转化原则，以专业培养目标对接职业描述、专业课程对接世界技能标准、课程考核与评价对接评分方案等多种操作模式和路径，同时融入健康与安全、绿色与环保及可持续发展理念，开发与世界技能大赛项目对接的专业人才培养方案、教材及配套教学资源。首批对接 19 个世界技能大赛项目共 12 个专业的成果将于 2020—2021 年陆续出版，主要用于技工院校日常专业教学工作中，充分发挥世界技能大赛成果转化对技工院校技能人才的引领示范作用。在总结经验及调研的基础上选择新的对接项目，陆续启动第二批等世界技能大赛成果转化工作。

希望全国技工院校将对接世界技能大赛技术标准创新系列教材，作为深化专业课程建设、创新人才培养模式、提高人才培养质量的重要抓手，进一步推动教学改革，坚持高端引领，促进内涵发展，提升办学质量，为加快培养高水平的技能人才作出新的更大贡献！

2020年11月

目　录

项目一　模具导柱与导套制作

项目二　杯子模具制作

项目一　模具导柱与导套制作

项目要求

本项目介绍模具导柱与导套的加工。某企业需生产 20 套模具，现生产主管部门委托我校数控车项目组利用现有设备完成导柱与导套的加工任务，生产周期为 10 天，要求项目组在 10 天内完成该批零件的加工，并经检验合格后交付企业使用。

学习目标

1．能按照数控加工车间安全防护规定，正确穿戴劳动保护用品，严格执行安全操作规程。

2．能运用数控车床上的编辑、修改和替代功能输入并调试导柱与导套加工程序，解决在此过程中出现的简单报警问题。

3．能根据导柱与导套的加工要求，规范进行对刀操作，正确建立工件坐标系。

4．在导柱与导套加工过程中能严格按照数控车床操作规程进行操作。

建议学时

120 学时

学习任务

学习任务一　模具导柱加工

学习任务二　模具导套加工

学习任务一　模具导柱加工

学习目标

1. 能借助相关手册，查阅零件、刀具所用材料的牌号、性能与用途。
2. 能识读导柱零件图，正确表述零件的几何精度、尺寸精度、表面粗糙度等信息，理解各信息的含义。
3. 能熟练操作数控车床对模具导柱进行加工。
4. 能根据模具导柱的加工要求合理制定加工工艺。
5. 能严格遵守数控车床的安全操作规程。
6. 能利用 Mastercam 软件编制模具导柱加工刀具路径。
7. 能正确选用量具检测零件的尺寸。
8. 能采用多种形式进行成果展示，正确、规范地撰写总结。
9. 能按照国家环保相关规定和车间要求，正确处置废油液等废弃物。

建议学时

60 学时。

学习任务描述

某企业需生产 20 套模具，委托我校数控车项目组利用现有设备完成 20 件模具导柱的加工任务，生产周期为 10 天，要求项目组在 10 天内完成该批零件的加工，并经检验合格后交付企业使用。

学习工作流程

学习活动 1　模具导柱加工准备

学习活动 2　模具导柱加工工艺分析及计划制订

学习活动 3　模具导柱加工

学习活动 4　模具导柱产品检测

学习活动 5　模具导柱产品总结与展示

导柱零件图如图 1-1-1 所示。

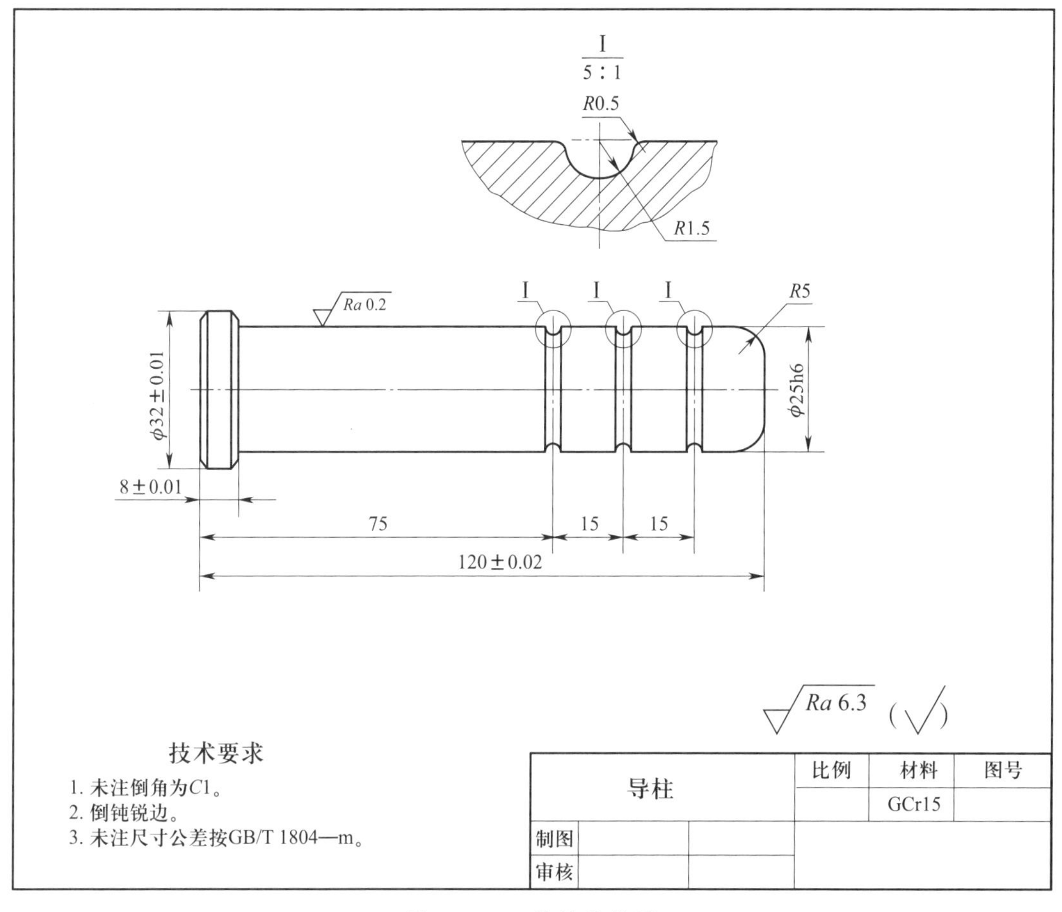

图 1-1-1　导柱零件图

模具导柱生产任务单见表 1-1-1。

表 1-1-1　模具导柱生产任务单

单　　号：________________　　开单时间：____年____月____日____时

开单部门：________________　　开 单 人：________________

接 单 人：______部______组______　　签　　名：________________

以下由开单人填写			
产品名称	材料	数量	技术标准和质量要求
模具导柱			按图样要求
任务细则	1. 到仓库领取相应的材料 2. 根据现场情况选用合适的工具、量具和设备 3. 根据加工工艺进行加工，交付检验 4. 填写生产任务单，清理工作场地，完成工具、量具、设备的维护与保养		
任务类型		完成工时	

续表

<table>
<tr><td>领取材料</td><td></td><td rowspan="2">仓库管理员（签名）

年 月 日</td></tr>
<tr><td>领取工具和量具</td><td></td></tr>
<tr><td>完成质量
（小组评价）</td><td></td><td>班组长（签名）

年 月 日</td></tr>
<tr><td>用户意见
（教师评价）</td><td></td><td>用户（签名）

年 月 日</td></tr>
<tr><td>改进措施
（反馈改良）</td><td colspan="2"></td></tr>
</table>

注：生产任务单与零件图样、工艺卡一起领取。

学习活动 1　模具导柱加工准备

学习目标

1. 能按照规定领取工作任务。

2. 能严格遵守数控车床的安全操作规程，掌握日常维护与保养方法。

3. 能了解数控车床操作面板的结构及数控系统分类。

4. 能了解数控车床工件坐标系的定义和数控车床的分类方法。

5. 能掌握数控车床常用刀具的种类和用途。

6. 能清楚了解数控车床的产生和发展过程。

建议学时　12 学时。

学习过程

一、阅读生产任务单，明确任务内容

1．请根据生产任务单，明确零件名称、材料、数量和完成时间。

零件名称____________________；材　料____________________；

数　量____________________；完成时间____________________。

2．认识模具导柱的用途及相关技术要求。

（1）查阅资料或咨询教师，明确模具导柱的用途。

（2）用于制作模具导柱的材料应具有怎样的性能才能满足模具导柱的功能要求？

二、零件图分析

1．分析零件图样（见图 1–1–1），写出零件加工技术要求。

2．请将模具导柱的主要加工尺寸和表面质量要求填入表 1–1–2 中。

表 1–1–2　　模具导柱的主要加工尺寸和表面质量要求

序号	项目与技术要求	公差等级或偏差范围
1		
2		
3		
4		
5		
6		
7		
8		
9		
10		
11		

三、数控车削基本知识介绍

1．数控车床的相关知识

（1）数控车床概述

数控车床又称 CNC 车床，即计算机数字控制（computerized numerical control，CNC）车床，是目前使用较为广泛的数控机床之一。它主要用于轴类零件或盘类零件的内外圆柱面、任意锥角的内外圆锥面、复杂回转内外曲面、圆柱螺纹和圆锥螺纹等切削加工，并能进行车槽、钻孔、扩孔、铰孔等。数控机床是按照事先编制好的加工程序，自动地对零件进行加工。操作者将零件的加工工艺路线、工艺参数、刀具的运动轨迹、位移量、切削参数和辅助功能，按照数控机床规定的指令代码和程序格式编写成加工程序单，再把这些程序单中的内容记录在控制介质上，然后输入数控机床的数控装置中，从而指挥机床加工零件。如图 1–1–2 所示为数控车床上零件加工过程。

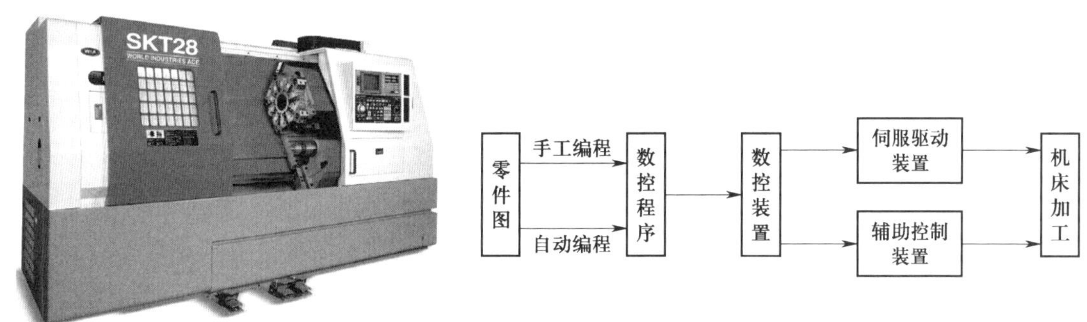

图 1–1–2　数控车床上零件加工过程

（2）数控车床的组成

数控车床主要由__________、__________、__________、__________四个部分组成，通过辨认下列设备填出相应设备名称，如图 1–1–3 ~ 图 1–1–8 所示。

图 1–1–3____________________

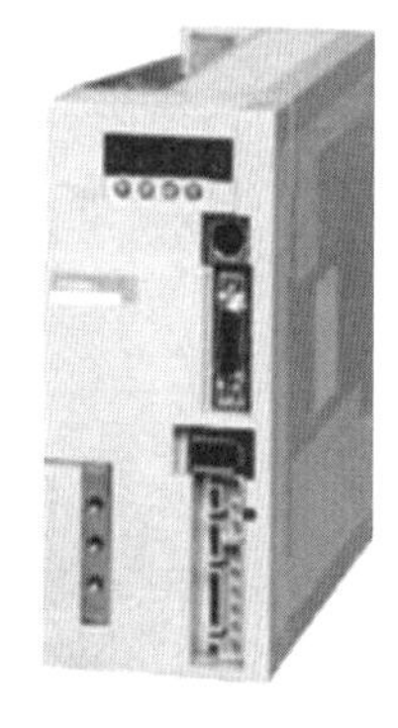

图 1–1–4____________________

图 1–1–5____________________

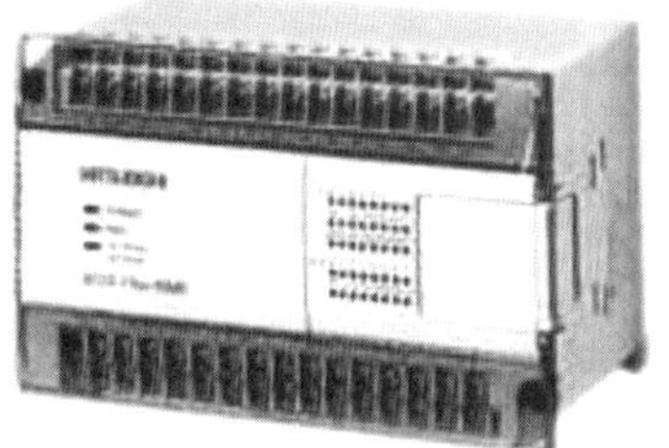

图 1–1–6____________________

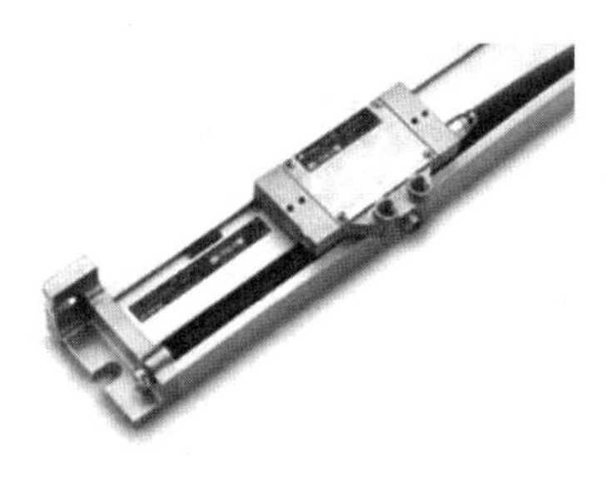

图 1-1-7________________　　图 1-1-8________________

（3）数控车床常用的数控系统

目前企业常用的数控系统包括 FANUC（法那克）数控系统、SIEMENS（西门子）数控系统、华中数控系统、广州数控系统、三菱数控系统等。每种数控系统又有多种型号，例如，FANUC 数控系统有 0i ~ 23i；SIEMENS 数控系统有 SINUMERIK 802S、802C 到 802D、810D、840D、848D 等。各种数控系统指令各不相同，同一系统的不同型号，其数控指令也略有差别，使用时应以数控系统说明书指令为准。

查阅资料，参观车间，辨认下列数控系统，填写对应的数控系统名称，如图 1-1-9 ~ 图 1-1-11 所示。

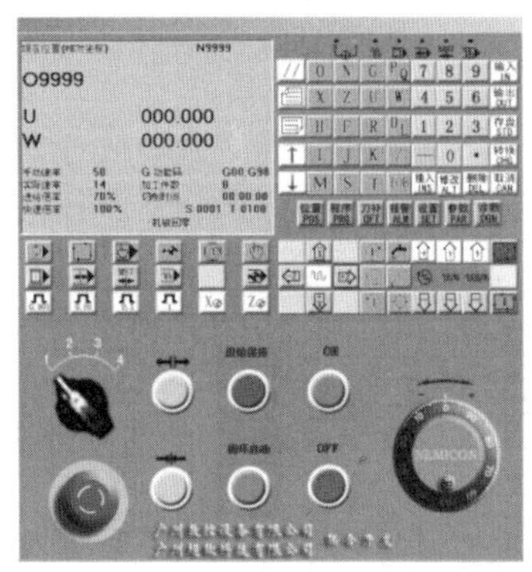

图 1-1-9________________

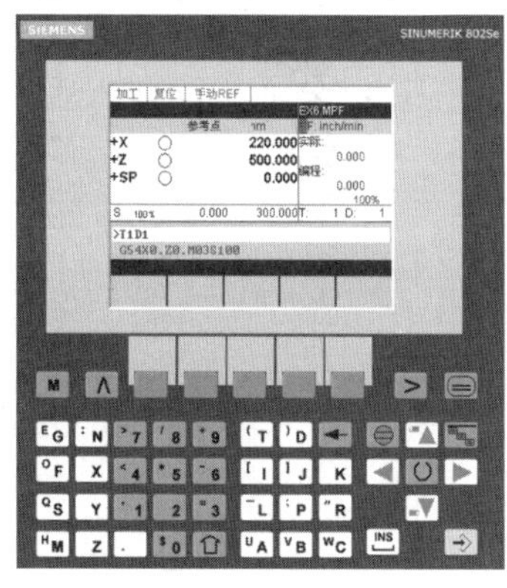

图 1-1-10________________

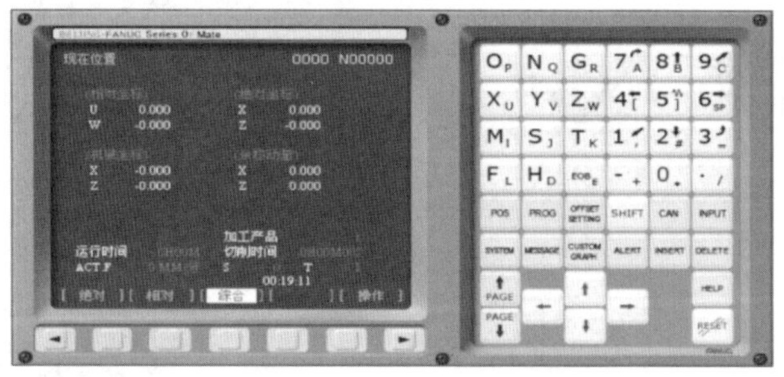

图 1-1-11________________

（4）数控车床的分类

1）按数控车床布局分类，其结构形式可分为________、________、________等。

2）按加工零件的基本类型分类，可分为________数控车床、________数控车床。

3）按主轴的配置形式分类，可分为________数控车床、________数控车床。

4）按数控系统功能分类，可分为__________数控车床、______________数控车床、______________、______________。

（5）机床坐标系的确定原则

1）为便于编程时描述机床的运动，简化程序的编制方法及保证所记录数据的互换性，数控机床的坐标和运动方向都已标准化。由于数控机床的运动是受数控装置控制的，为了确定数控机床上的成形运动和辅助运动，必须先确定这些运动的运动方向和运动距离，这就需要一个坐标系才能实现，这个坐标系就称为机床坐标系。

试根据图 1-1-12 所示的数控车床判定机床坐标系的名称和方向。

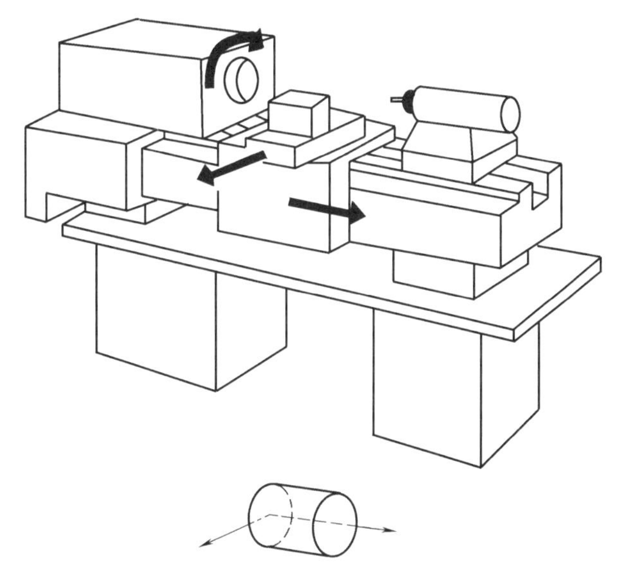

图 1-1-12　机床坐标系

2）根据机床相对运动的规定，在机床上始终认为___________________静止，而______________是运动的。这样编程人员在不考虑机床上工件与刀具具体运动的情况下，就可以依据零件图样，确定机床的加工过程。

3）根据标准机床坐标系中 *X*、*Y*、*Z* 坐标轴的相互关系完成下列填空题。

图 1-1-13 和图 1-1-14 所示的坐标系为___________________坐标系，在该坐标系中：

① *Z* 坐标的运动是由______________________所决定的，与______________________即为 *Z* 坐标。

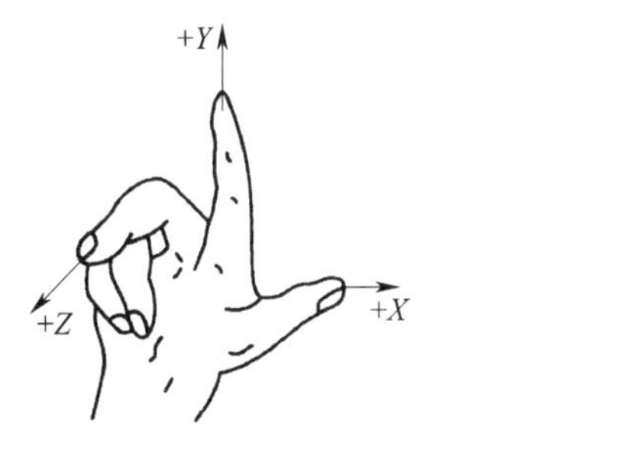

图 1-1-13______________________________

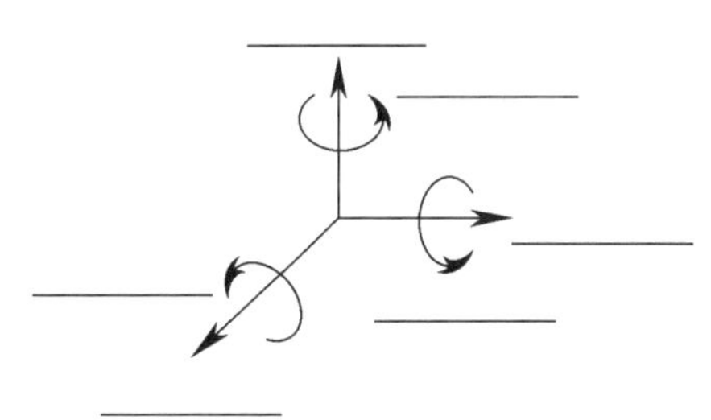

图 1-1-14______________________________

② X 坐标为____________，且____________并____________的装夹面。X 坐标是在____________或____________内运动的主要坐标。

③ Y 坐标为____________，其运动的正方向根据____________的正方向，按照____________来判断。

④ A、B、C 相应地表示其轴线平行于____________的旋转运动。A、B、C 正方向按____________判定，其中拇指指向 X、Y、Z 坐标的________上，________的旋转方向即为 $+A$、$+B$、$+C$ 的方向。

（6）数控车刀的种类

由于工件材料、生产批量、加工精度以及机床类型、工艺方案的不同，车刀的种类繁多。根据刀片与刀体连接及固定方式的不同，车刀主要可分为________与________两大类。

（7）车刀的类别和用途

1）按被加工表面特征不同分为____________、____________、____________。

2）按车刀结构不同分为____________、____________、____________。

3）按加工方式不同分为________、________、________、________、________等。

4）根据图 1–1–15 写出焊接式车刀的种类，填入表 1–1–3 中。

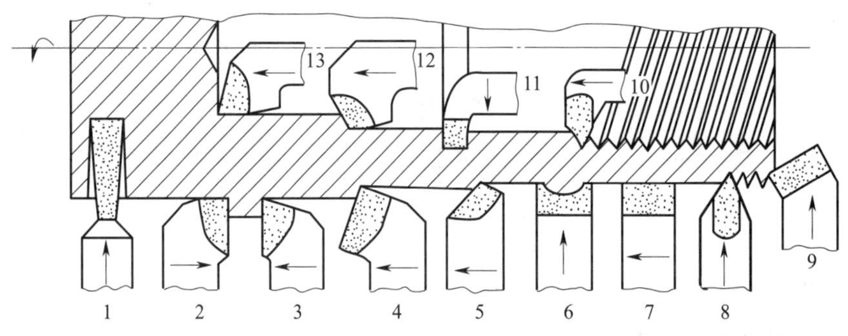

图 1–1–15　焊接式车刀的种类

表 1–1–3　焊接式车刀的种类

1		8	
2		9	
3		10	
4		11	
5		12	
6		13	
7			

（8）根据图 1-1-16，写出测量车刀几何角度的三个基准坐标平面的名称。

（9）根据图 1-1-17 所示车刀的基本形状，填出 90° 外圆车刀基本角度的名称并注明角度值范围。

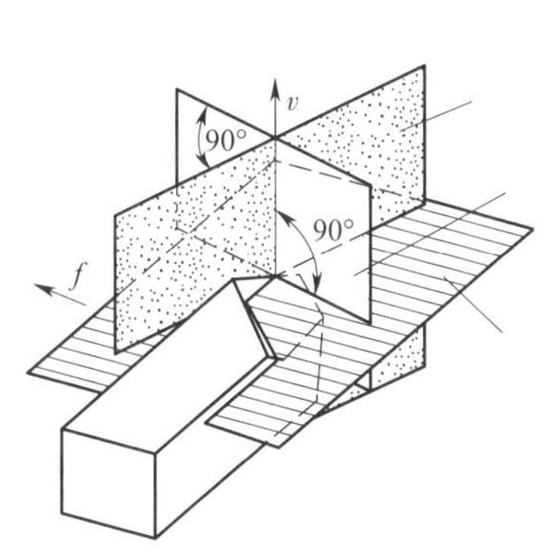

图 1-1-16　测量车刀几何角度的三个基准坐标平面

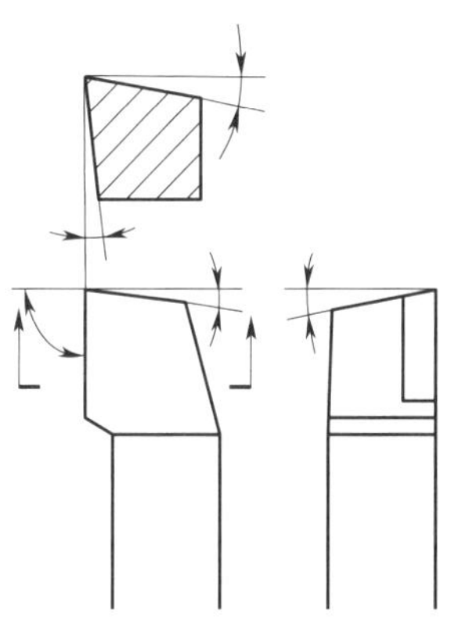

图 1-1-17　车刀的基本形状

2．查找资料并根据所学知识，在图 1-1-18 所示的车削加工应用范围中横线上填写相应内容。

a）

b）

c）

d）

a）________　b）________　c）________　d）________

e）

f）

g）

h）

e）________　f）________　g）________　h）________

i）

j）

k）

l）

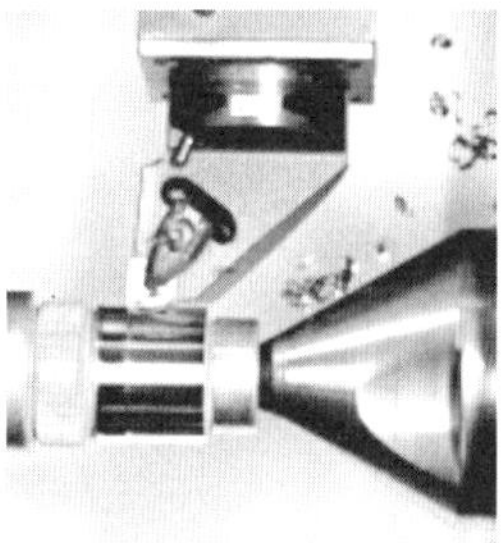

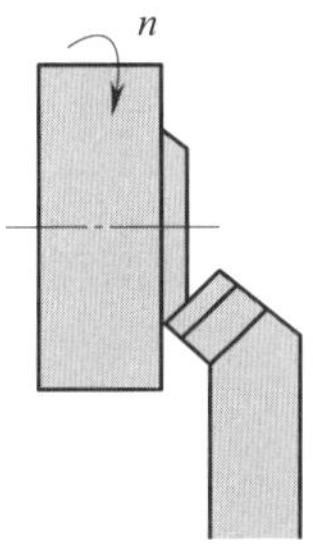

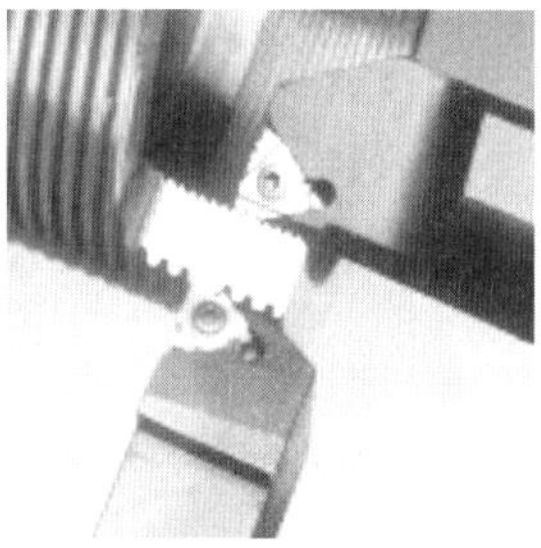

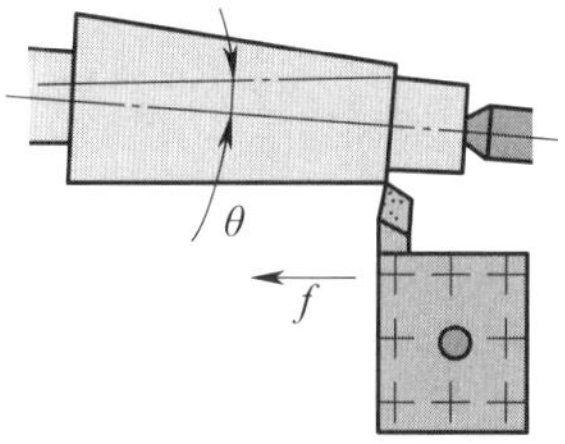

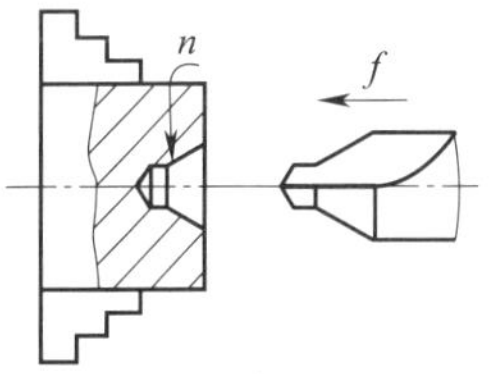

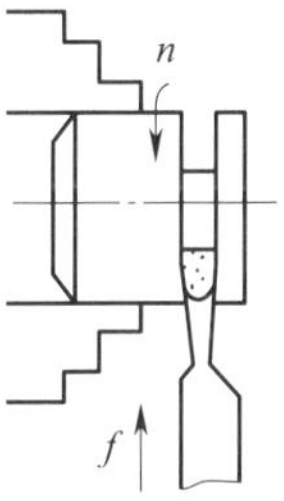

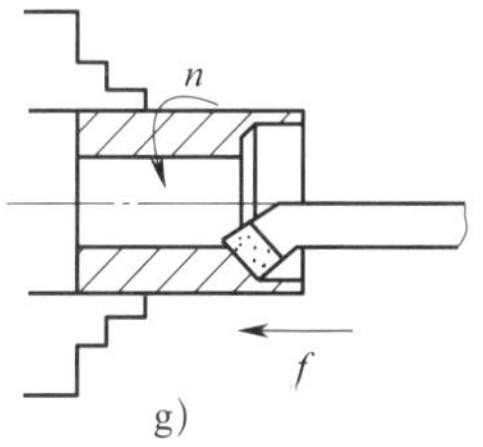

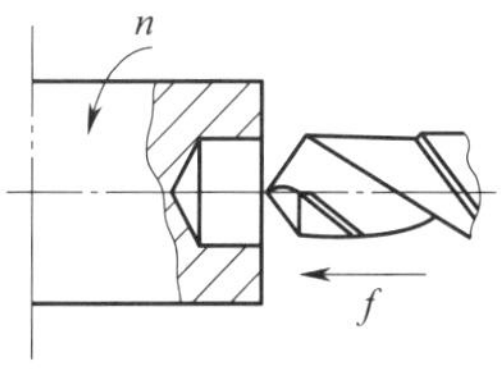

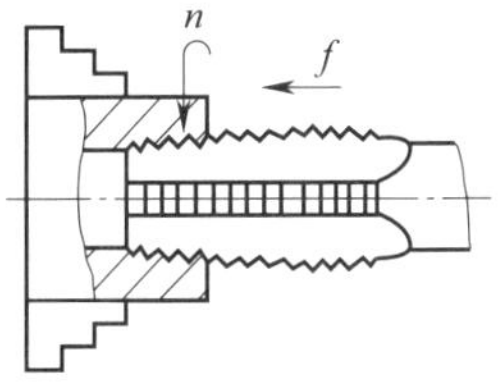

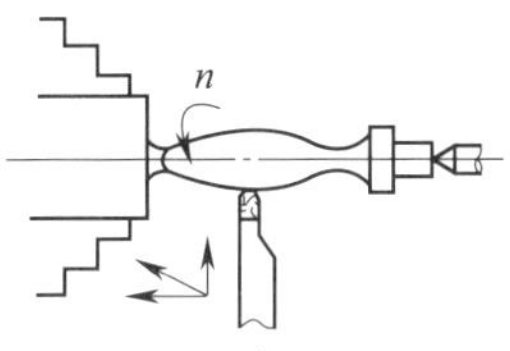

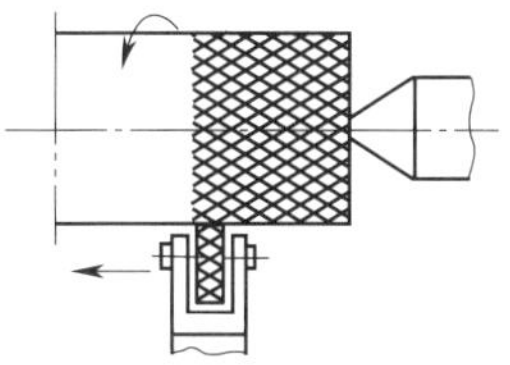

i）________　j）________　k）________　l）________

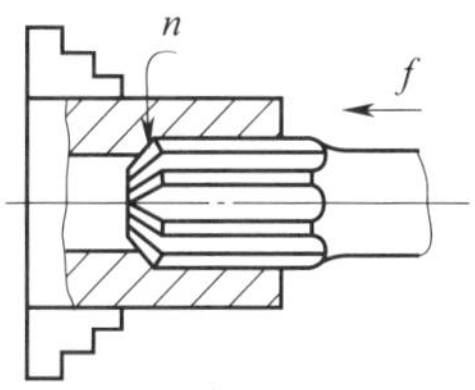

图 1-1-18　车削加工应用范围

学习活动 2　模具导柱加工工艺分析及计划制订

学习目标

1. 能正确说出 FANUC 数控系统的程序结构和编程格式。

2. 能正确描述模具导柱工艺规程的内容。

3. 能正确描述程序中准备功能字 G、进给功能字 F、主轴转速功能字 S、刀具功能字 T、辅助功能字 M 等常用代码的含义。

4. 能正确运用 G00、G01、G02、G03 指令的定义进行简单图形编程。

5. 能正确描述顺时针圆弧插补与逆时针圆弧插补的判别方法。

6. 能正确按照程序编制格式编写模具导柱加工程序。

建议学时　6 学时。

学习过程

一、查阅相关指令的资料，回答下列问题。

1．常用 G 指令

（1）准备功能

准备功能是使机床或控制系统建立工作方式的命令。它由大写字母 G 加上两位数字组成（G00 ~ G99），故又称 G 代码、G 指令。FANUC 和 SIEMENS 的数控系统都采用 G 指令编程。G 指令有非模态 G 指令和模态 G 指令之分，正确叙述非模态指令和模态指令的含义。

非模态指令：

模态指令：

（2）根据表 1-1-4 所列的常用 G 指令，填出各指令正确的含义。

表 1-1-4　常用 G 指令的含义

地址	含义	地址	含义
G00		G70	
G01		G71	
G02		G72	
G03		G73	
G04		G74	
G40		G75	
G41		G76	
G42		G90	
G54		G92	
G55		G96	
G56		G97	
G57		G98	
G58		G99	
G59			

2．查找资料，根据所学的知识填出正确答案。

（1）数控加工中涉及三个坐标系，分别是____________、____________和____________。

（2）编程的一般步骤是____。

（3）主轴功能 S 控制主轴____________，其后的数值表示____________________，单位为____________。

（4）S 是____________态指令，S 功能只有在主轴速度可调节时才有效。

（5）F 指令表示工件被加工时刀具相对于工件的____________，F 的单位取决于____________。

（6）程序段格式为____________________________________。

（7）G90 是____________模式，在此状态下，工件程序指定的是__________________________________。

（8）G91 是____________模式，在此状态下，工件程序指定的是__________________________________。

3．常用的 M 代码指令介绍

CNC 辅助功能即 M 功能，是用于指令机床辅助操作的功能，即控制机床及其辅助装置通断的指令，例如，开、关冷却泵，主轴正转、反转、停转，程序结束等，它由 M 后带两位数字组成，共有 100 种

（M00 ~ M99）。M 功能有模态（续效）功能与非模态功能两种形式。

（1）非模态 M 功能（当段有效代码）只在书写了该代码的程序段中有效。

（2）模态 M 功能（续效代码）是一组可相互注销的 M 功能，这些功能在被同一组的另一个功能注销前一直有效。

4．根据所学知识按要求填空。

（1）表 1–1–5 所列为数控车床编程过程中常用 M 代码，填出各代码正确的含义。

表 1–1–5　常用 M 代码的含义

地址	含义	地址	含义
M00		M06	
M01		M08	
M02		M09	
M03		M30	
M04		M98	
M05		M99	

（2）如图 1–1–19 所示的台阶轴中 *A* 点为工件坐标系的原点，请在表 1–1–6 中写出各点的绝对坐标和相对坐标（增量坐标）。

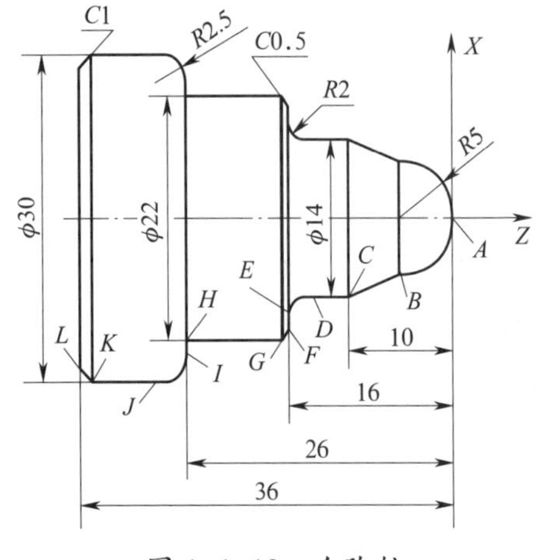

图 1–1–19　台阶轴

表 1–1–6　台阶轴基点坐标

坐标点	绝对坐标（直径编程）	相对点	增量坐标（直径编程）
A	（　　）	*A*→*B*	（　　）
B	（　　）	*B*→*C*	（　　）
C	（　　）	*C*→*D*	（　　）
D	（　　）	*D*→*E*	（　　）
E	（　　）	*E*→*F*	（　　）

续表

坐标点	绝对坐标（直径编程）	相对点	增量坐标（直径编程）
F	（　　　　）	$F \to G$	（　　　　）
G	（　　　　）	$G \to H$	（　　　　）
H	（　　　　）	$H \to I$	（　　　　）
I	（　　　　）	$I \to J$	（　　　　）
J	（　　　　）	$J \to K$	（　　　　）
K	（　　　　）	$K \to L$	（　　　　）
L	（　　　　）		

5．查找资料并根据所学知识按要求填空。

（1）在图 1-1-20 相应的位置写出 FANUC 系统操作面板各部位的名称。

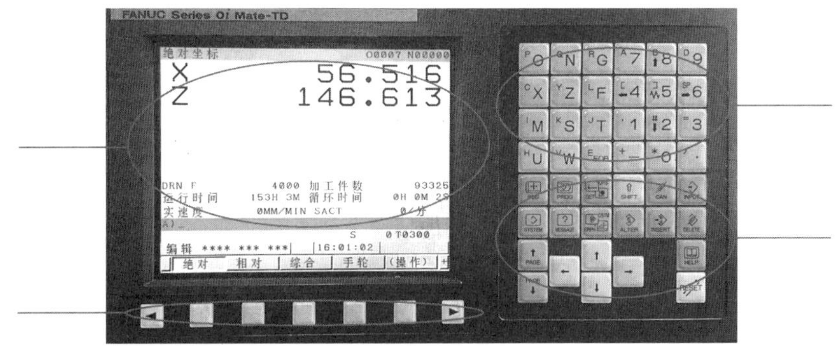

图 1-1-20　FANUC 系统操作面板

（2）插补功能指令的格式及含义

1）G00 快速定位指令应用实例如图 1-1-21 所示，请按要求填空。

用 G00 定位，刀具____________到指定的位置。

指令格式：____________________；

刀具以各轴独立的快速移动速度定位。

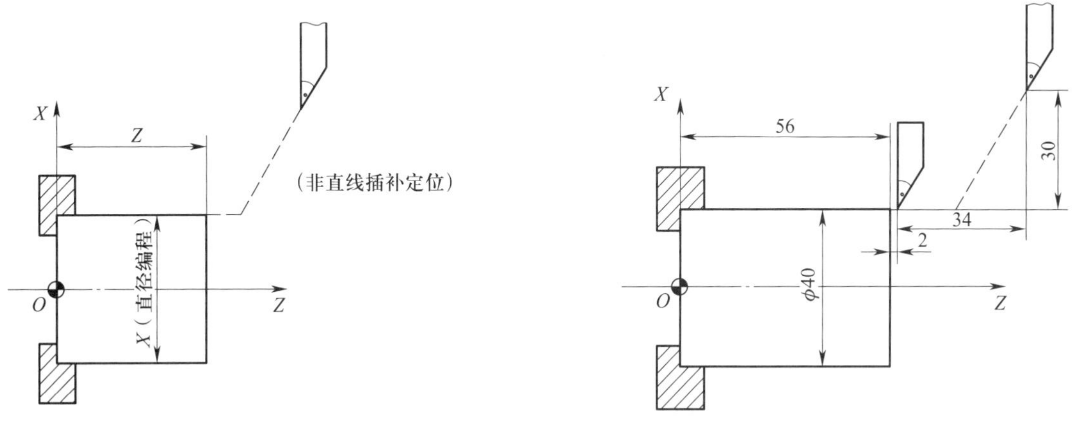

图 1-1-21　G00 快速定位指令应用实例

根据坐标点编写程序段（直径编程）:

注：用 G00 指令编程时各轴独立的快速移动速度由机床厂家设定（参数为 No.022 ~ 023），受快速倍率开关控制（F0、25%、50%、100%），用 F 指定的进给速度无效。

2）G01 指令：______________________________。

指令格式：____；

X、Z：____________________________________。

U、W：____________________________________。

F：________________________________，单位是每分钟进给或每转进给。

利用这条指令可以进行直线插补。指令格式中的 X、Z/U、W 分别为绝对值或增量值，由 F 指定进给速度，F 在没有新的指令前总是有效的，因此不需一一指定。

如图 1-1-22 所示为 $A \rightarrow B \rightarrow C$ 的刀具轨迹，采用 G01 指令编写的程序段如下：

绝对值编程为：

增量值编程为：

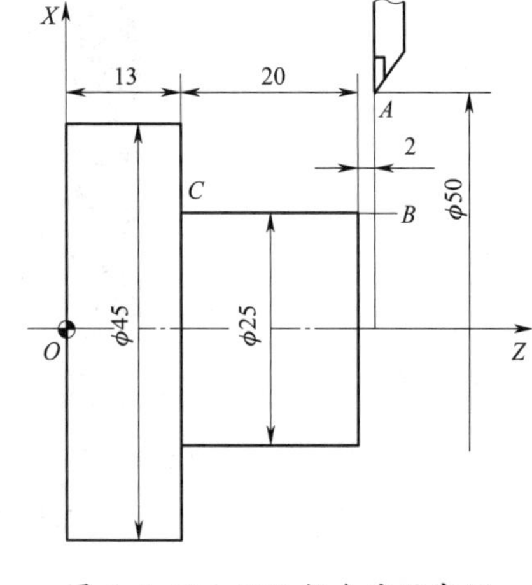

图 1-1-22　G01 指令应用实例

3）G02、G03 指令：______________________________。

①用表 1-1-7 所列的指令，刀具可以沿着圆弧轨迹运动。

指令格式：____；或____；

表 1-1-7　各指令的含义

指令（代码）	指令（代码）含义
G02	
G03	
X、Z	
U、W	
I、K	
R	
F	

②顺时针圆弧插补（G02）和逆时针圆弧插补（G03）的判别方法。在沿着圆弧所在平面（如 *XOZ* 平面）的正法线方向（+*Y* 轴）向负方向（–*Y* 轴）观察，圆弧插补按顺时针方向为 G02，逆时针方向为 G03。如图 1–1–23 所示，对顺时针圆弧和逆时针圆弧进行判别。

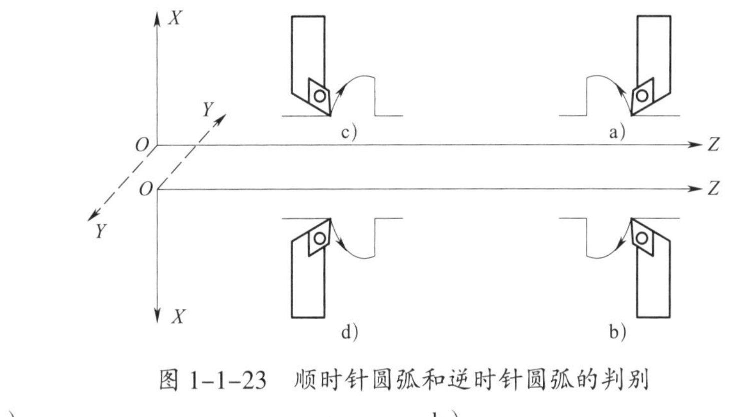

图 1–1–23　顺时针圆弧和逆时针圆弧的判别

a）________________________；　　b）________________________；

c）________________________；　　d）________________________。

③根据如图 1–1–24 所示的圆弧加工轨迹，分别用绝对值方式和增量值方式编写加工程序。

指定圆心：

指定半径：

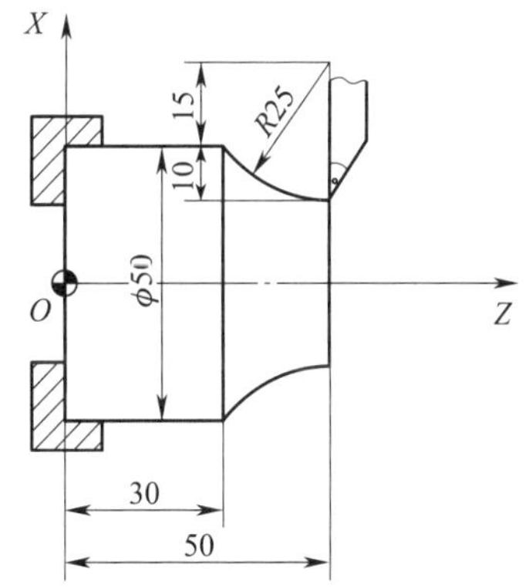

图 1–1–24　圆弧指令应用实例

注：①I0、K0 可以省略。

②*X*、*Z* 同时省略表示终点和始点是同一位置，用 *I*、*K* 指令圆心时，为 360° 的圆弧。

③刀具实际移动速度相对于指令速度的误差在 ±2% 以内，而指令速度是刀具沿着补偿后的圆弧运动的速度。

④I、K 和 R 同时指令时，R 有效，I 和 K 无效。

（3）MDI（手动数据输入，manul data input，MDI）方式的应用

1）当前的刀位处在 1 号刀位，如果想一次性从 1 号刀位换到 4 号刀位，应怎样操作?

2）在 MDI 方式下，想让机床以 500 r/min 的转速正转，应怎样操作?

3）在 MDI 方式下，想让机床以直线插补的方式，沿 *X* 正方向移动 50 mm，沿 *Z* 负方向移动 50 mm，应怎样操作?

4）仿真操作时，如果毛坯直径为 25 mm，怎样利用手动方式和 MDI 方式让车刀的刀尖对准毛坯的回转中心?

5）能否同时让机床换刀到 3 号刀位，主轴以 800 r/min 的转速反转，并通过直线插补的方式沿 *X* 轴负方向移动 30 mm、沿 *Z* 轴正方向移动 80 mm？应怎样操作?

二、制定加工工艺

1．工艺规程的定义是什么？一般包括哪些内容？

2．各小组分析、讨论并制定模具导柱的加工工艺。

根据加工要求，考虑现场的实际条件，小组成员共同分析、讨论并确定合理的计划，填写在表 1–1–8 的模具导柱加工工艺卡中。

表 1–1–8　　模具导柱加工工艺卡

<table>
<tr><td colspan="3" rowspan="2">（单位名称）</td><td rowspan="2">加工工艺卡</td><td>产品名称</td><td colspan="2">模具导柱</td><td colspan="2">图号</td><td colspan="2"></td></tr>
<tr><td>零件名称</td><td colspan="2"></td><td colspan="2">数量</td><td></td><td>第　页</td></tr>
<tr><td colspan="2">材料种类</td><td>GCr15</td><td>材料成分</td><td></td><td colspan="2">毛坯尺寸</td><td colspan="3"></td><td>共　页</td></tr>
<tr><td rowspan="2">工序</td><td rowspan="2">工步</td><td rowspan="2">工序名称</td><td colspan="2" rowspan="2">工序内容</td><td rowspan="2">车间</td><td rowspan="2">设备</td><td colspan="2">工具</td><td rowspan="2">计划工时</td><td rowspan="2">实际工时</td></tr>
<tr><td>量具、刀具</td><td>辅具</td></tr>
<tr><td>1</td><td></td><td></td><td colspan="2"></td><td></td><td></td><td></td><td></td><td></td><td></td></tr>
<tr><td>2</td><td></td><td></td><td colspan="2"></td><td></td><td></td><td></td><td></td><td></td><td></td></tr>
<tr><td>3</td><td></td><td></td><td colspan="2"></td><td></td><td></td><td></td><td></td><td></td><td></td></tr>
<tr><td>4</td><td></td><td></td><td colspan="2"></td><td></td><td></td><td></td><td></td><td></td><td></td></tr>
<tr><td>5</td><td></td><td></td><td colspan="2"></td><td></td><td></td><td></td><td></td><td></td><td></td></tr>
<tr><td>6</td><td></td><td></td><td colspan="2"></td><td></td><td></td><td></td><td></td><td></td><td></td></tr>
<tr><td>7</td><td></td><td></td><td colspan="2"></td><td></td><td></td><td></td><td></td><td></td><td></td></tr>
<tr><td>8</td><td></td><td></td><td colspan="2"></td><td></td><td></td><td></td><td></td><td></td><td></td></tr>
<tr><td>9</td><td></td><td></td><td colspan="2"></td><td></td><td></td><td></td><td></td><td></td><td></td></tr>
<tr><td>10</td><td></td><td></td><td colspan="2"></td><td></td><td></td><td></td><td></td><td></td><td></td></tr>
<tr><td colspan="3">更改号</td><td colspan="2"></td><td colspan="2">拟定</td><td>校正</td><td>审核</td><td colspan="2">批准</td></tr>
<tr><td colspan="3">更改者</td><td colspan="2"></td><td colspan="2"></td><td></td><td></td><td colspan="2"></td></tr>
<tr><td colspan="3">日　期</td><td colspan="2"></td><td colspan="2"></td><td></td><td></td><td colspan="2"></td></tr>
</table>

知识链接

1．查阅资料，完善数控车床安全操作规程。

（1）进入车间必须穿戴好规定的______________，进行机械加工时不准戴______________，女生必须戴______________，不准将头发______________，不准穿______________鞋，不准戴首饰。

（2）操作者应根据机床“______________”的要求，熟悉本机床的______________和______________，禁止超性能使用。

（3）开机前，操作者必须清理好现场，______________和______________不允许放置工具、工件及其他杂物，上述物品必须放在指定的位置。

（4）开机前，操作者应按机床使用说明书的规定给相关部位______________，并检查油标、油量。

（5）机床开机时应遵循______________（有特殊要求除外）、手动、点动、自动的原则。机床运行应遵循______________、中速、______________的原则，其中低速、中速运行时间不得少于______________min。确定无异常情况后方可开始工作。

（6）操作机床必须遵循______________守则和______________守则。

（7）严禁在卡盘与顶尖间__________________工件，必须确认______________和______________夹紧后方可进行下一步工作。

（8）操作者在工作时更换______________、______________，调整工件或______________时必须使机床停止转动。

（9）操作者不得任意拆卸及移动机床上的______________和______________。

（10）在机床上加工工件前必须采用______________________检查所用程序是否与被加工工件相符，待确认无误后，方可关好______________，开动机床加工工件。

（11）___________和___________、刀具应妥善保管，保持完整与良好，___________或_________照价赔偿。

（12）实训完毕应__________________，保持清洁，将______________和______________移至床尾位置，并______________。

（13）机床在工作中发生故障或出现不正常现象时应立即___________________，保护现场，同时立即报告______________。

（14）操作者严禁修改______________，必要时必须通知______________，请设备管理员修改。

（15）了解零件图的技术要求，检查毛坯______________、______________有无缺陷。选择合理的装夹工件的方法。

（16）正确选用数控______________，安装______________和______________时要保证准确、牢固。

（17）了解及掌握数控机床操作面板各功能键的含义，将程序准确地输入系统，并模拟检查、试切，做好加工前的各项准备工作。

（18）在实习过程中如发现车床运转声音不正常或出现故障，要立即____________并报告____________，以免出现危险。

2．根据上述数控车床安全操作规程，分析下面的案例并回答问题。

（1）某同学在操作机床时将一根加力杆放在主轴箱上（见图 1-1-25），该同学是否违反了安全操作规程？违反了哪一条？

图 1-1-25　将加力杆放在主轴箱上

（2）某同学在操作机床时将工具、量具随便堆放（见图 1-1-26），这样操作是否有利于工作？违反了安全操作规程的哪一条？

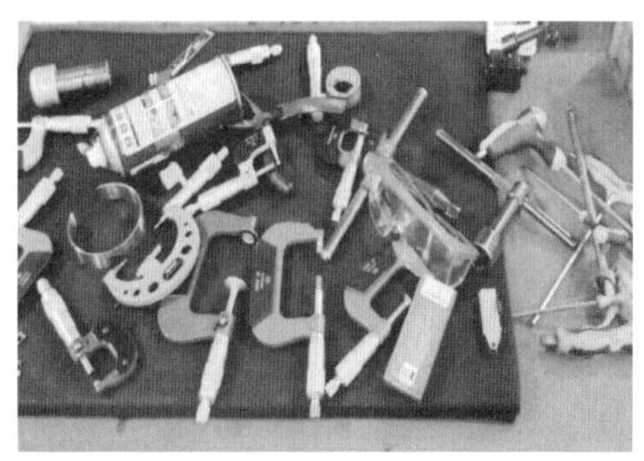

图 1-1-26　将工具、量具随便堆放

（3）请同学们想一想，身边有没有在操作数控机床时因玩手机出现安全事故的案例，玩手机对操作数控机床有什么危害？能不能这样做？

学习活动 3　模具导柱加工

学习目标

1. 能按模具导柱的加工要求制定加工工步，列举零件加工过程中的关键要求。

2. 能独立、熟练根据模具导柱零件图要求新建、输入、修改和保存程序。

3. 能熟悉机床回参考点的作用和操作步骤，正确利用 MDI 方式进行单段程序的验证。

4. 能掌握并运用数控车床的常用对刀方法，在教师指导下处理加工过程中出现的问题，微调加工参数，以满足技术要求。

5. 能按规定填写机床自检表、交接班记录，进行安全文明操作。

6. 按照国家环保相关规定和车间要求，正确处置废油液等废弃物。

建议学时　30 学时。

学习过程

一、加工准备

1．熟悉工作环境

了解数控车间内工作区的范围和限制，了解企业对环境、安全、卫生和事故预防的标准。

2．领取工具、量具、刀具

领取工具、量具、刀具，并填写表 1–1–9 的清单。

表 1-1-9　　工具、量具、刀具清单

序号	名称	规格	数量	备注
1				
2				
3				
4				
5				
6				
7				
8				
9				
10				

3．领取毛坯

领取毛坯，测量并记录所领毛坯的实际外形尺寸，判断毛坯是否有足够的加工余量。

4．选择切削液

根据加工对象及所用刀具，选择本学习活动所用的切削液。

二、加工过程

1．开机准备

（1）做好开机前的各项常规检查工作。

（2）启动机床操作流程符合规范。

（3）将机床各坐标轴回参考点。

（4）输入数控加工程序并进行校验。

2．查阅相关资料，简述锁住机床校验程序的操作步骤。

3．试列举违规操作的例子。

4．回参考点的作用和操作

（1）回参考点的作用

开机后回参考点的目的是建立机床坐标系。在连续重复的加工后，回参考点可消除进给运动部件的坐标累积误差。

（2）回参考点的方法

回参考点的方法包括________和________。

（3）手动回参考点操作步骤

选择__________模式（此时对应的指示灯亮）。选择合适的回参考点倍率，以控制回参考点时________的移动速度。先回___轴，按住控制面板上的________，直到 X 轴回参考点指示灯亮为止；再回____轴，按住控制面板上的________，直到 Z 轴回参考点指示灯亮为止。

5．常用对刀方法

数控车床常用的对刀方法有________对刀、________对刀（接触式）、________对刀仪对刀（非接触式）三种，如图 1–1–27 所示。

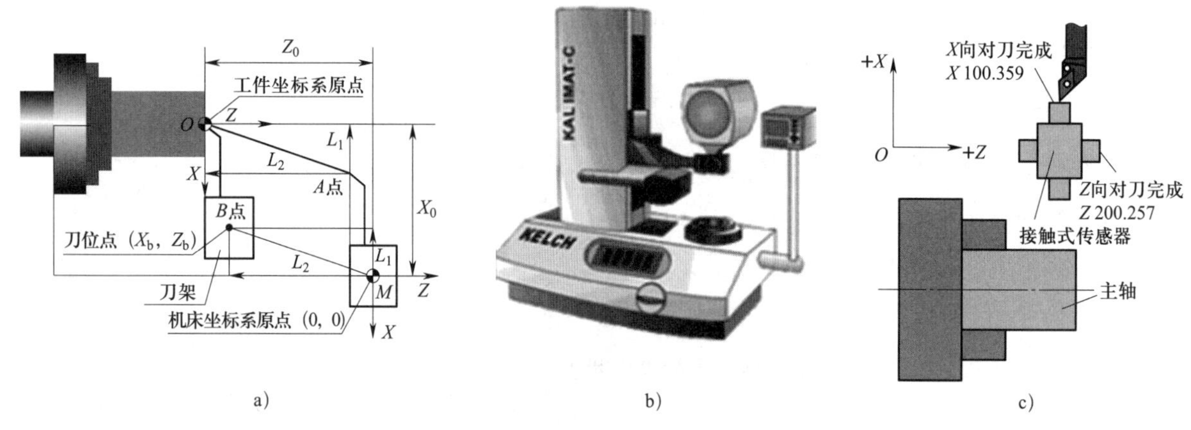

图 1–1–27　数控车床对刀方法

（1）刀具试切法对刀

刀具试切法对刀是指__________对刀操作。刀具安装后，先移动刀具手动车削工件右端面，再沿______退刀，将此时的机床坐标______输入数控系统，即完成刀具 Z 轴的对刀过程。再移动刀具车削外圆后，沿____退出，测量工件____，输入所测得的数值，按【测量】键，系统会自动完成 X 轴的对刀过程。

1）方法一

① Z 轴对刀（端面对刀）。使刀具沿着工件端面车削，然后沿 X 轴退刀，在相应刀具参数中输入“Z0”后按【测量】键，系统会自动将此时刀具的 Z 坐标减去刚才输入的数值，即得到工件坐标系 Z 轴原点的位置。

② X 轴对刀（轴向对刀）。刀具车削外（内）圆后，沿 Z 轴退刀，主轴停转，测量工件直径，向 X 刀具参数补偿中输入直径值（如“X30”）后按【测量】键，系统会自动用刀具当前 X 坐标减去试切出的那段外圆直径，即得到工件坐标系 X 轴原点的位置。

2）方法二

① X 轴对刀。用外圆车刀先试车外圆，记住当前机床坐标 X 值，测量外圆直径后，用机床坐标 X 值减去外圆直径，将所得的数值输入“OFFSET”界面的几何形状 X 值中。

② Z 轴对刀。用外圆车刀先试车外圆端面，记住当前机床坐标 Z 值，将其输入“OFFSET”界面的几何形状 Z 值中。

（2）机外对刀仪对刀

机外对刀的实质是将刀具的刀尖与__________接触，测量出刀具假想__________到对刀仪工作台基准之间 X、Z 方向的距离（刀偏量），利用机外对刀仪可将刀具预先在机床外校对好，以便装上机床后将对刀长度输入相应刀具补偿号即可使用。

（3）光学自动对刀仪对刀

自动对刀是通过__________系统实现的，刀尖以设定的速度向接触式传感器接近，当刀尖与传感器接触并发出信时，数控系统立即记下该瞬间的坐标值，并自动修正刀具补偿值。

现在很多车床上都装备了对刀仪，使用对刀仪对刀可免去测量时产生的误差，大大提高对刀精度。由于使用对刀仪可以自动计算各刀具相对于标准刀具的刀长与刀宽的差值，并将其存入系统中，在工件加工过程中只需对标准刀具进行对刀，这样就大大节约了时间。

6．对刀步骤（以 1 号刀为例）

（1）开机后，在 MDI 方式启动主轴，调用 1 号刀（如先从 1 号刀开始对刀）。

（2）采用______________方式，按【正转】键，使主轴正转，如图 1-1-28 所示。

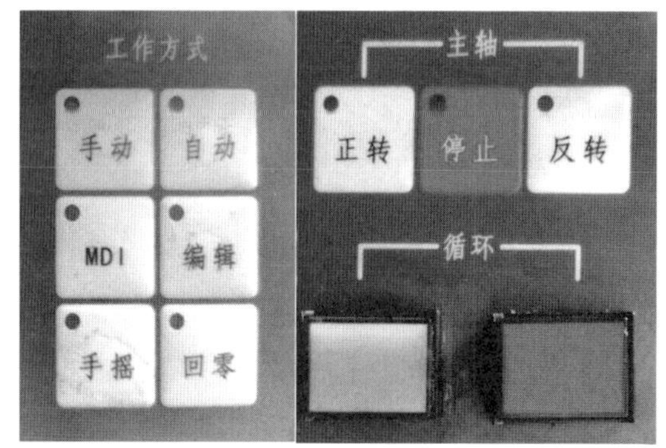

图 1-1-28　主轴功能

（3）利用“-X”“+X”“-Z”“+Z”方向键将刀具移到________附近，用刀具在工件________处试切一段，X 轴方向不动，Z 轴方向水平移到__________，使主轴停转，如图 1-1-29 所示。

（4）测量已切削______________，所测量的数据假设为 24.8 mm。

（5）录入测量值，先按_________键，再按_________键，最后按_________键，刀补面板如图 1-1-30 所示。

图 1-1-29　刀具试切工件外圆对刀

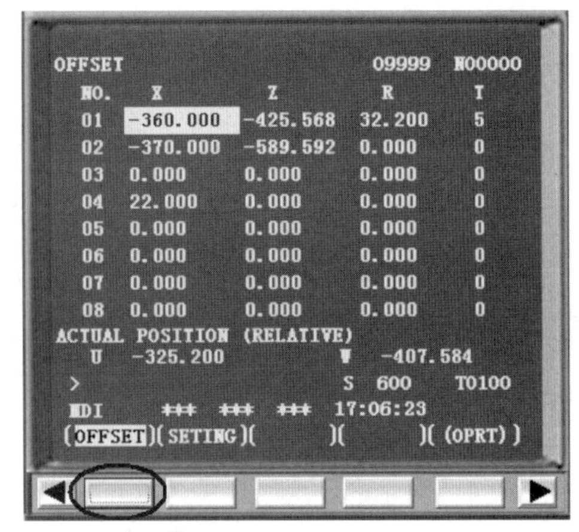

图 1-1-30　刀补面板

（6）用“ ”“ ”“ ”“ ”键把光标移到“01”的“________”位置，输入“________”，按________键，系统自动算出实际刀补值，如图 1-1-31 所示。

（7）在手摇方式下，按“-X”“+X”“-Z”“+Z”键，使刀具在工件________车一刀，________方向不动，________方向垂直移到安全位置，如图 1-1-32 所示。

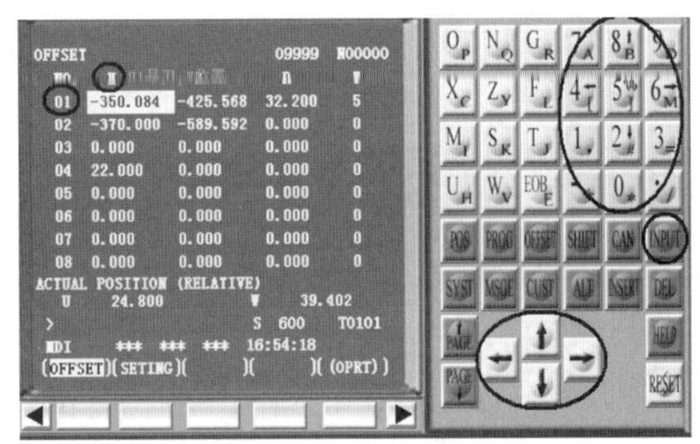

图 1-1-31　输入 X 轴刀补值

图 1-1-32　刀具试切工件端面对刀

（8）按【OFFSET】键，按【补正】键，再按【形状】键，用“ ”“ ”“ ”“ ”键，把光标移到“01”的“__________”位置，输入“__________”，按【测量】键，系统自动算出实际 Z 轴刀补值，1 号刀对刀完成，如图 1-1-33 所示。

采用上述方法，可以对 2 号刀、3 号刀、4 号刀等进行对刀，试叙述 2 号刀的对刀步骤。

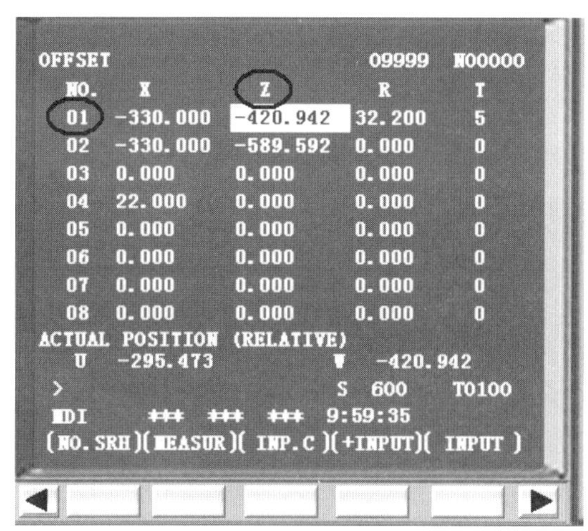

图 1-1-33　输入 Z 轴刀补值

（9）如果只是在显示屏上验证程序，必须锁定机床，按________________功能键。程序验证结束后，解除机床锁定，并且必须进行________________操作（查阅机床操作手册）。

（10）在机床自动运行程序加工的过程中，应根据________________、________________、________________来感知切削参数是否合理。

（11）加工后，在进行尺寸测量时，如果未能达到尺寸要求（尺寸偏大），可通过改动程序中的________________轴数值重新加工来达到尺寸要求。

（12）在数控系统中输入上述程序后，在机床空运行前应做什么操作？

（13）空运行结束后应做什么操作？

7．查阅机床操作资料，填出下列所缺内容。

（1）检查程序与__________或__________是否一致。

（2）检查____________与____________是否相符。

（3）检查刀具表内__________是否与程序内刀具信息一致，检查__________的完好程度。

（4）检查__________是否正确、__________的选择是否合理。

（5）确定机床__________及各__________位置（进给倍率开关应为零）。

（6）机床__________后，CNC 装置未出现位置显示或报警画面前，不可碰 MDI 面板上的任何键。

（7）______________与 PMC 参数都是机床厂设置的，通常不需要进行______________，如果必须修改参数，在修改前应对参数有全面、深入的了解。

（8）必须在确认______________夹紧后才能启动机床。

8．根据如图 1-1-34 所示的 MDI 面板，在表 1-1-10 中详细说明各按键的功能。

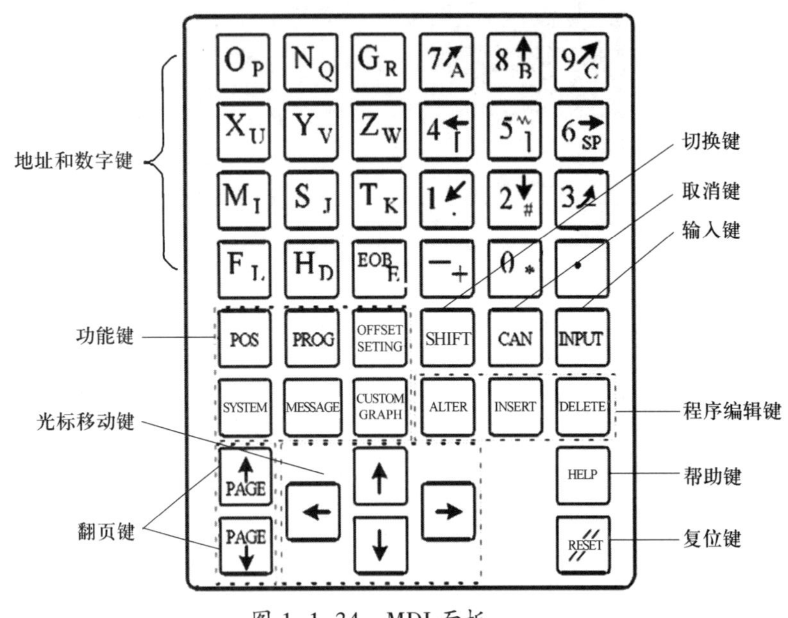

图 1-1-34　MDI 面板

表 1-1-10　　MDI 面板按键功能

序号	名称	功能
1	复位键 RESET	
2	帮助键 HELP	
3	地址和数字键 O_P　7_A	
4	切换键 SHIFT	
5	输入键 INPUT	
6	取消键 CAN	

续表

序号	名称	功能
7	程序编辑键 ALTER INSERT DELETE	
8	功能键 POS PROG	
9	光标移动键 ← ↑ ↓ →	
10	翻页键 ↑PAGE PAGE↓	

9．请根据模具导柱的加工流程和存在的问题填写表 1–1–11。

表 1–1–11　　模具导柱加工流程

序号	程序名称	加工方式	加工参数	装刀长度	尺寸精度	工步时间	加工过程存在问题	备注（余量）
1			刀具： 转速： 切削速度（F）：					
2			刀具： 转速： 切削速度（F）：					
3			刀具： 转速： 切削速度（F）：					
4			刀具： 转速： 切削速度（F）：					
5			刀具： 转速： 切削速度（F）：					
6			刀具： 转速： 切削速度（F）：					

续表

序号	程序名称	加工方式	加工参数	装刀长度	尺寸精度	工步时间	加工过程存在问题	备注（余量）
7			刀具： 转速： 切削速度（F）：					
8			刀具： 转速： 切削速度（F）：					
9			刀具： 转速： 切削速度（F）：					
10			刀具： 转速： 切削速度（F）：					

10．模具导柱加工刀具路径见表 1–1–12。

编程顺序包括外圆粗车、外圆精车、切断和端面精车。

表 1–1–12　　模具导柱加工刀具路径

序号	加工图示	编程路径图示	仿真图示	加工参数设置（参考）
1	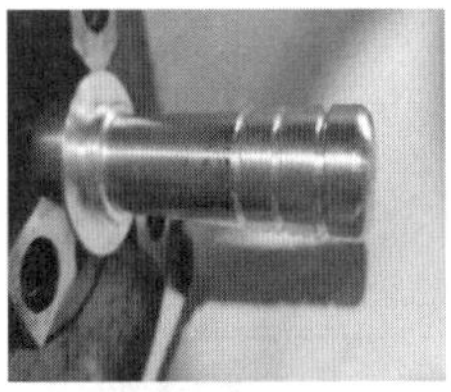	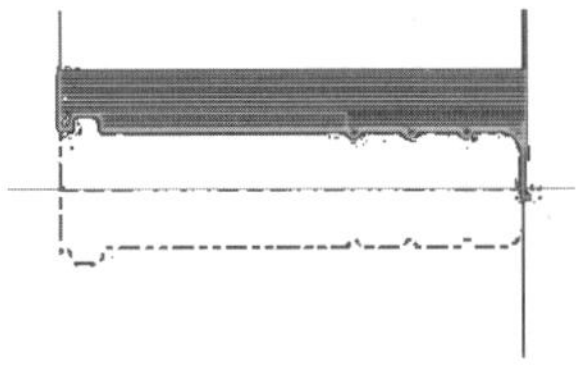	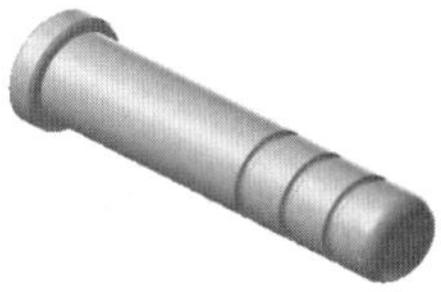	外圆粗车： 刀具：外圆车刀 转速：1 200 r/min 进给量：0.18 mm/r
2		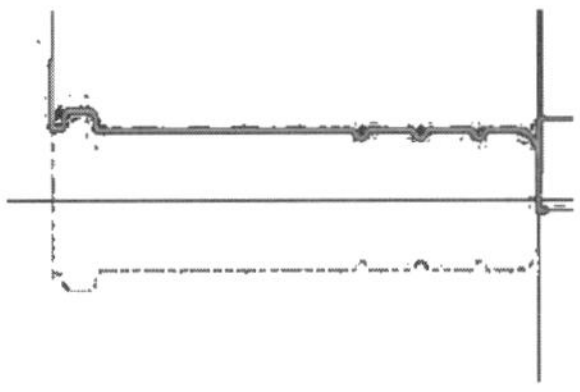	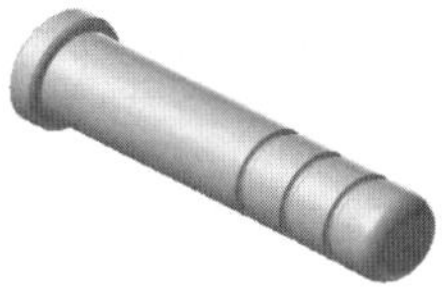	外圆精车： 刀具：外圆车刀 转速：2 000 r/min 进给量：0.1 mm/r
3		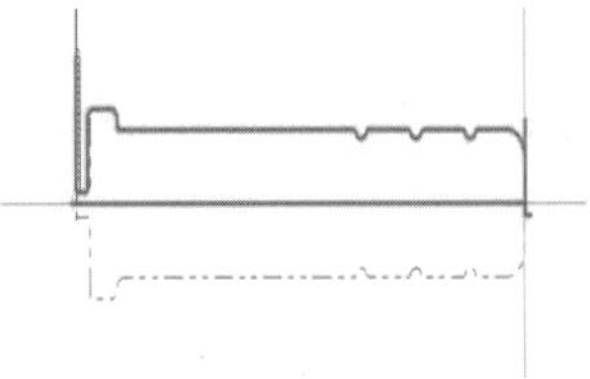	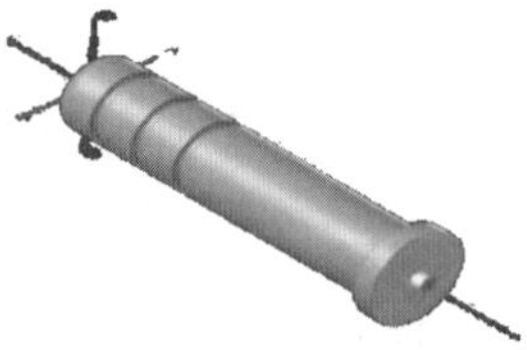	切断： 刀具：切断刀 转速：600 r/min 进给量：0.06 mm/r
4	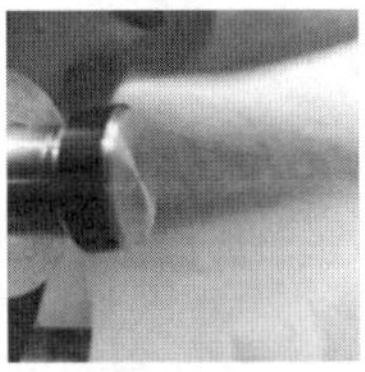	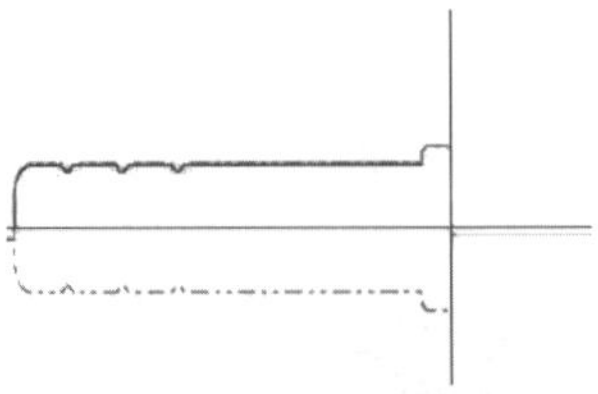	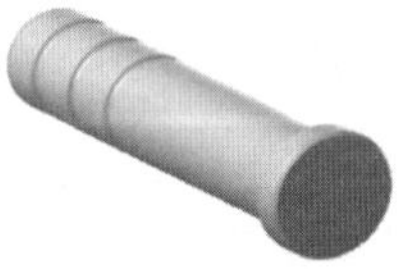	端面精车（控制总长）： 刀具：外圆车刀 转速：2 000 r/min 进给量：0.1 mm/r

（1）工件的装夹方式是________________________。

（2）将数控加工工序填入表 1-1-13 中。

表 1-1-13　　数控加工工序卡

工步号	工步内容	刀具	切削用量		
			背吃刀量 / mm	主轴转速 /（r/min）	进给量 /（mm/r）
1					
2					
3					
4					

三、机床保养，场地清理

加工完毕，按照车间规定整理现场，清扫切屑，保养机床，并正确处置废油液等废弃物。按车间规定填写交接班记录（见附表 1）和设备日常保养记录卡（见附表 2）。

知识链接

1. Mastercam 是美国 CNC Software INC. 公司研制的一套计算机辅助制造系统软件，它将 CAD 和 CAM 这两大功能综合在一起，是最经济有效的 CAD/CAM 计算机辅助制造系统软件，在包括美国在内的各工业大国均得到广泛应用。Mastercam 也是我国目前十分流行的 CAD/CAM 系统软件。

2. Mastercam 包含设计、铣削、车削、木雕、浮雕、线切割六大模块。

3. Mastercam 的特点

（1）Mastercam 可产生 NC 程序，本身也具有 CAD 功能；也可将由其他绘图软件绘制好的图形，经过一些标准的或特定的转换文件，转换到 Mastercam 中，再生成数控加工程序。

（2）Mastercam 是一套以图形驱动的软件，它应用广泛，操作方便，能同时提供适合目前国际上通用的各种数控系统的后置处理程序文件。

（3）Mastercam 能预先依据使用者定义的刀具、进给率、转速等，模拟刀具路径及计算加工时间，从而转换成刀具路径图。

（4）Mastercam 系统设有刀具库和材料库，能根据被加工工件材料和刀具规格尺寸自动确定进给率、转速等加工参数。

（5）Mastercam 软件能提供 RS232C 接口通信功能和 DNC 功能。

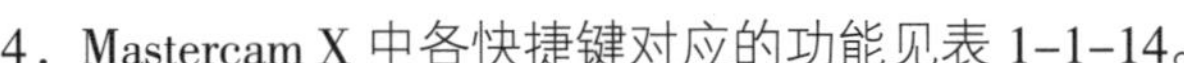

4．Mastercam X 中各快捷键对应的功能见表 1-1-14。

表 1-1-14　　Mastercam X 中各快捷键对应的功能

快捷键	对应功能	快捷键	对应功能
F1	视图放大	Alt+A	自动存档
F2	模型缩小 0.5 倍	Alt+C	运行 C-Hooks 程序
F3	刷新屏幕	Alt+D	设置尺寸标注的参数
F4	分析图素的属性	Alt+E	显示部分图素
F5	删除图素	Alt+G	屏幕栅格设置
F9	显示当前坐标系	Alt+H	获取帮助
Alt+F1	适合屏幕	Alt+O	切换操作管理器
Alt+F4	退出 Mastercam X	Alt+P	上一视角
Alt+F8	系统配置	Alt+S	切换着色模式
Alt+F9	显示坐标轴	Alt+T	切换显示刀具路径
Alt+1	俯视图	Alt+U	返回上一步骤
Alt+2	前视图	Alt+V	关于 Mastercam X 资料
Alt+3	后视图	Alt+X	更改当前构图属性
Alt+4	底视图	Alt+Z	打开层别管理器
Alt+5	右侧视图	Ctrl+A	全选
Alt+6	左侧视图	Ctrl+C	复制
Alt+7	等角视图	Ctrl+V	粘贴

世赛小知识

世界技能大赛有“技能奥林匹克”之称。第 41 届世界技能大赛于 2011 年 10 月 4 日在英国伦敦开幕，中国首次派出代表团参加这一赛事，参加数控车床、焊接等 6 个项目的比赛。在这次比赛中，中国石油天然气第一建设公司员工裴先峰勇夺焊接项目银牌，使中国首次参赛即实现了奖牌零的突破。

第 42 届世界技能大赛于 2013 年 7 月 2 日在德国莱比锡开幕，中国派出 26 名选手参加其中 22 个项目的竞赛，最终中国队收获 1 银、3 铜及 13 个项目的优秀奖。第 43 届世界技能大赛于 2015 年 8 月 11 日至 16 日在巴西圣保罗举行，中国代表团取得了 5 金、6 银、4 铜和 11 个优胜奖的成绩，实现了金牌零的突破。第 44 届世界技能大赛于 2017 年 10 月在阿联酋阿布扎比举行，中国代表团参加了 47 个项目的比赛，获得了 15 枚金牌、7 枚银牌、8 枚铜牌和 12 个优胜奖，位列金牌榜、奖牌榜和团体总分第一名，同时中国选手宋彪获得“阿尔伯特·维达”大奖。在俄罗斯喀山举行的第 45 届世界技能大赛上，我国选手共获得 16 金、14 银、5 铜和 17 个优胜奖，再次位列金牌榜、奖牌榜、团体总分第一名。中国上海获得第 46 届世界技能大赛举办权。

学习活动4　模具导柱产品检测

学习目标

1. 能正确使用游标卡尺、深度游标卡尺、千分尺、表面粗糙度样板等对模具导柱进行检测，并准确记录检测结果。

2. 能写出产品质量检验过程及结果。

3. 能正确、规范地撰写总结。

4. 能对常用手工工具进行维护与保养。

5. 能根据现场管理规范要求，清理场地，归置物品，并按环保要求处理废弃物。

建议学时　6学时。

学习过程

一、领取检测用量具

1．模具导柱需要检测哪些要素？

2．根据检测要素，列出零件在检测过程中要用到的量具，将其规格（精度）及检测内容填入表1–1–15中。

表1–1–15　　模具导柱检测用量具及检测内容

序号	量具名称	量具规格（精度）	检测内容
1			
2			
3			
4			

二、检测模具导柱产品，填写质量检验单

1. 按表 1-1-16 检验所加工的模具导柱是否合格。

表 1-1-16　　模具导柱评分标准

序号	项目与技术要求	评分项目	评分标准	配分	自检	互检	用三坐标测量仪检测数值	得分
1	零件正面尺寸	ϕ（32±0.01）mm	超差不得分	10				
2		ϕ25h6	超差不得分	10				
3		（120±0.02）mm	超差不得分	10				
4		（8±0.01）mm	超差不得分	10				
5		R5 mm	超差不得分	6				
6		75 mm	超差不得分	6				
7		15 mm	超差不得分	6				
8		15 mm	超差不得分	5				
9		R1.5 mm（三处）	超差不得分	6				
10	表面质量	$Ra \leqslant 0.2\ \mu m$	超差不得分	6				
11	倒角	一处未加工扣 2 分，一处锐边未倒钝扣 2 分		4				
12	职业素养	工具、量具、刀具分区摆放		3				
13		工具摆放整齐、规范且不重叠		3				
14		量具摆放整齐、规范且不重叠		3				
15		刀具摆放整齐、规范且不重叠		3				
16		工作服、工作帽、工作鞋穿戴规范		3				
17		加工后清理现场		3				
18		现场操作表现		3				
19	其他项目	未注尺寸公差按 GB/T 1804—m		扣分不超过 10 分				
20		工件必须完整，局部无缺陷（夹伤等）						
总分				100				

2．交检验人员验收合格后（以三坐标测量仪检测为准），填写生产任务单。

3．清理现场，归置物品

（1）良好的工作习惯是在工作过程中有意识地养成的，这一点对于一名具有良好职业素养的高技能人才而言尤其重要。在每天的学习及实训工作中，你是如何做好整理工作台、合理及整齐放置工具和量具、日常维护及保养设备等工作的?

（2）本学习任务所用量具的日常维护与保养各包括哪些工作?

学习活动 5　模具导柱产品总结与展示

学习目标

1. 能自信地展示自己的产品，讲述自己产品的优势和特点。

2. 能倾听别人对自己产品的点评。

3. 能听取别人的建议并对产品加工工艺加以改进。

4. 能采用多种形式进行成果展示。

5. 能正确对其他小组的产品进行评价，并提出建议。

建议学时　6 学时。

学习过程

通过小组的展示，采用对小组进行评价和对个人进行评价两种评价方式，其中小组评价采用小组自评、小组互评、教师评价三种方式进行评价。

一、小组展示评价要求

各小组展示制作好的工件，并由小组推荐代表做必要的介绍。在展示过程中，以组为单位进行评价，其他组对展示小组的成果进行相应的评价，展示小组同时也接受其他组的提问，并做出回答，提问小组事先要为所提问题提供一个参考答案。

展示内容要体现本组加工工艺、分工情况、产品完成情况、能否按期交付及小组成员的合作情况，小组展示可通过 PPT、图片、海报、录像等形式，时间控制在 10 min 以内。

二、各小组根据要求填写以下内容

1．写出本产品在加工过程中存在的问题和待改进的地方。

2．从自己的角度出发写出小组成果展示方案。

3．如何更好地展示出本组加工的产品？通过小组讨论定出方案。

三、相关评价表格

1．小组自评表（见表 1-1-17）

表 1-1-17　　＿＿＿＿班＿＿＿＿小组自评表

评价内容	评价标准				配分	得分
	10 ~ 8	8 ~ 6	6 ~ 3	3 ~ 0		
1．加工产品是否符合技术要求	合格	不良	返修	报废	10	
2．与其他组相比，你认为本小组的安全防护如何	优	合理	一般	差	10	
3．本小组介绍成果表达是否清晰	良好	一般	差		10	
4．本小组成员的基本操作方法是否正确	正确	部分正确	不正确		10	
5．本小组进行演示操作时是否遵循了“6S”的工作要求	符合工作要求	忽略部分要求	完全没有遵循		10	
6．本小组成员的团队合作精神与创新精神如何	良好	一般	较差		10	
7．总结本小组这次学习任务是否达到学习目标？对本小组的建议是什么					40	
总分					100	

小组长签名：　　　　　　　　　　　　　　　　　　年　　月　　日

2．小组互评表（见表 1-1-18）

表 1-1-18　　＿＿＿＿班＿＿＿＿小组互评表

评价内容	评价标准				配分	得分
	10 ~ 8	8 ~ 6	6 ~ 3	3 ~ 0		
1．该小组加工产品是否符合技术要求	合格	不良	返修	报废	10	
2．与其他组相比，你认为该小组的安全防护如何	优	合理	一般	差	10	

续表

评价内容	评价标准				配分	得分
	10 ~ 8	8 ~ 6	6 ~ 3	3 ~ 0		
3．该小组介绍成果表达是否清晰	良好	一般	差		10	
4．该小组进行演示时基本操作方法是否正确	正确	部分正确	不正确		10	
5．该小组进行演示操作时是否遵循了“6S”的工作要求	符合工作要求	忽略部分要求	完全没有遵循		10	
6．该小组成员的团队合作精神与创新精神如何	良好	一般	较差		10	
7．总结该小组这次学习任务是否达到学习目标？对该小组的建议是什么					40	
总分					100	

小组长签名：　　　　　　　　　　　　　　　　　　　　　年　　月　　日

四、教师对展示的情况分别做评价

1．找出各组的优点进行点评。

2．对展示过程中各组的缺点进行点评，并提出改进方法。

3．总结整个学习任务完成过程中出现的亮点和不足。

五、小组总体评价

小组总体评价表见表 1-1-19。

表 1-1-19　　　　＿＿＿＿班＿＿＿＿小组总体评价表

评价内容	配分	得分	签名
小组自评（10%）	10		
小组互评（20%）	20		
教师评价（70%）	70		
教师对小组总体评价			
总分	100		

任课教师签名：　　　　　　　　　　　　　　　　　年　　月　　日

六、关键能力评价

1．自我评价表（见表 1-1-20）

表 1-1-20　　　　＿＿＿＿自我评价表

评价内容	评价标准	努力方向或建议
1. 你负责的部分任务完成情况是否正常	正常 □ 不正常 □ 基本正常 □	
2. 你觉得自己在小组中发挥了什么作用	主导作用 □ 配合作用 □ 旁观者作用 □	
3. 你对本学习任务的学习是否满意？与小组内的其他同学合作是否愉快	很好 □ 一般 □ 不太满意 □	

续表

评价内容	评价标准	努力方向或建议
4．完成本学习任务后，你学会使用哪些资源查找相关的资料	课本□ 教师□ 手册□ 计算机□ 其他□（可多选）	
5．通过完成本学习任务，你对本项目内容有一个初步的认识吗？哪些方面还有待进一步改善	完全掌握 □ 大部分掌握 □ 掌握一点 □ 没有 □	
6．完成工作页的质量	独立完成 □ 依靠别人帮助 □	
7．在完成本学习任务的过程中你是否遇到过困难？遇到过哪些困难？你是怎样解决的		

本人签名： 年 月 日

2．个人总体评价表（见表 1–1–21）

表 1–1–21 ＿＿＿＿＿＿班＿＿＿＿＿＿同学总体评价表

评价内容	项目	配分	自我评价	小组评价	教师评价	综合评价
专业能力	机床保养	20				
	基本操作	15				
	安全文明生产	15				
社会能力	出勤、纪律、态度	8	教师评价			
	讨论、互动、协作精神	10				
	表达、会话	8				
方法能力	学习能力、收集和处理信息能力、创新精神	24				
总分		100				

教师签名： 年 月 日

学习任务二　模具导套加工

学习目标

1. 能借助相关手册，查阅零件、刀具所用材料的牌号、性能与用途。
2. 能识读导套零件图，正确表述零件的几何精度、尺寸精度、表面粗糙度等信息，理解各信息的含义。
3. 能根据模具导套的加工要求正确选用数控机床。
4. 能根据模具导套的加工要求合理制定加工工艺。
5. 能按照车间安全防护规定穿戴劳动保护用品，遵守数控车床安全操作规程。
6. 能正确选用量具检测零件的尺寸。
7. 能采用多种形式进行成果展示，正确、规范地撰写总结。
8. 能按照国家环保相关规定和车间要求，正确处置废油液等废弃物。

建议学时

60 学时。

学习任务描述

某企业需生产 20 套模具，委托我校数控车项目组利用现有设备完成 20 件模具导套的加工任务，生产周期为 10 天，要求项目组在 10 天内完成该批零件的加工，并经检验合格后交付企业使用。

学习工作流程

学习活动 1　模具导套加工准备

学习活动 2　模具导套加工工艺分析及计划制订

学习活动 3　模具导套加工

学习活动 4　模具导套产品检测

学习活动 5　模具导套产品总结与展示

导套零件图如图 1-2-1 所示。

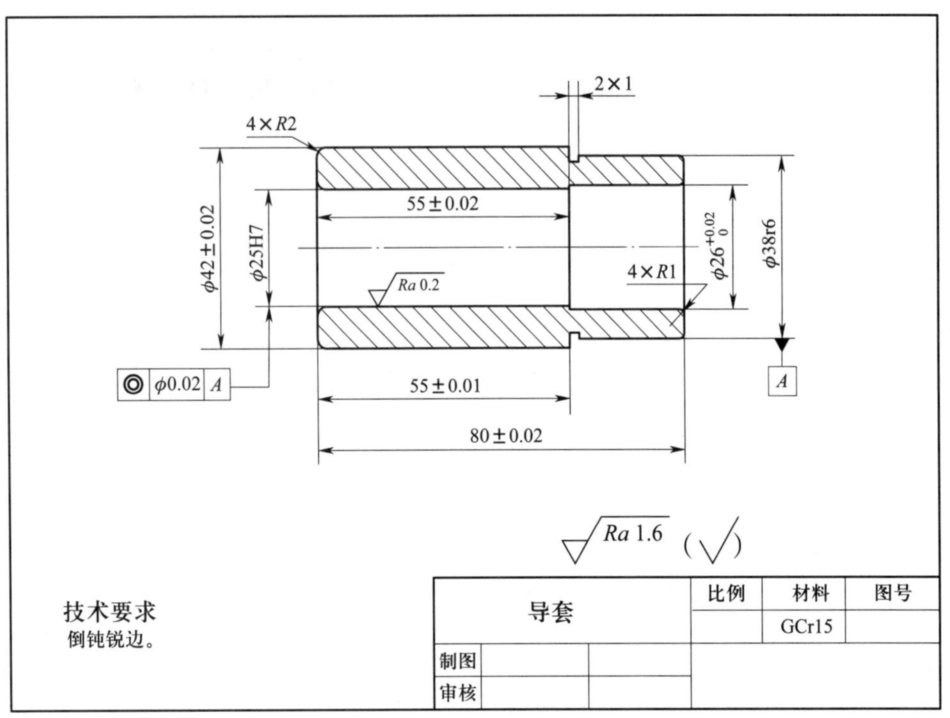

图 1-2-1　导套零件图

模具导套生产任务单见表 1-2-1。

表 1-2-1　　模具导套生产任务单

单　　号：____________　　开单时间：____年____月____日____时

开单部门：____________　　开 单 人：____________

接 单 人：____部____组____　　签　　名：____________

以下由开单人填写			
产品名称	材料	数量	技术标准和质量要求
模具导套			按图样要求
任务细则	1．到仓库领取相应的材料 2．根据现场情况选用合适的工具、量具和设备 3．根据加工工艺进行加工，交付检验 4．填写生产任务单，清理工作场地，完成工具、量具、设备的维护与保养		
任务类型		完成工时	
领取材料		仓库管理员（签名） 年　月　日	
领取工具和量具			

续表

完成质量 （小组评价）		班组长（签名） 年　月　日
用户意见 （教师评价）		用户（签名） 年　月　日
改进措施 （反馈改良）		

注：生产任务单与零件图样、工艺卡一起领取。

学习活动1　模具导套加工准备

学习目标

1. 能正确进行工件定位中的自由度分析。
2. 能正确进行心轴定位方法的选择及分析。
3. 能掌握夹紧装置的设计原则。
4. 能掌握工件装夹与机床夹具的关系。
5. 能清楚了解机床夹具的发展方向。

建议学时　12学时。

学习过程

一、阅读生产任务单，明确任务内容

1．请根据生产任务单，明确零件名称、材料、数量和完成时间。

零件名称________________________；材　　料________________________；

数　　量________________________；完成时间________________________。

2．认识模具导套的相关技术要求。

（1）查阅资料或咨询教师，写出模具导套的用途。

（2）用于制作模具导套的材料应具有怎样的性能才能满足使用要求?

二、零件图分析

1．分析零件图样（见图 1-2-1），写出零件加工技术要求。

2．请将模具导套的主要加工尺寸、几何公差和表面质量要求填入表 1-2-2 中。

表 1-2-2　　　　模具导套的主要加工尺寸、几何公差和表面质量要求

序号	项目与技术要求	公差等级或偏差范围
1		
2		
3		
4		
5		
6		
7		
8		
9		
10		
11		
12		

三、工件定位相关知识

1. 如图 1–2–2 和图 1–2–3 所示，通过进行工件定位中的自由度分析，回答下列问题。

（1）完全定位是指____。

（2）根据工件的加工要求，________________________，这样的定位方式称为不完全定位，如图 1–2–2 所示。

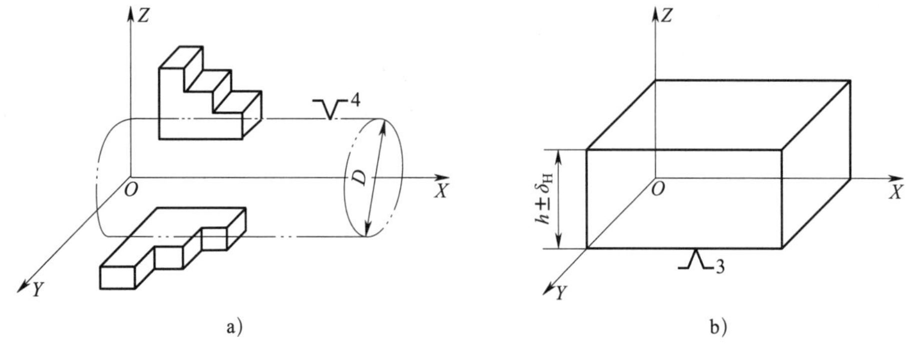

图 1–2–2　不完全定位示例

（3）根据工件的加工要求，____________________________________称为欠定位。

（4）夹具上的____________________________________称为过定位（见图 1–2–3）。

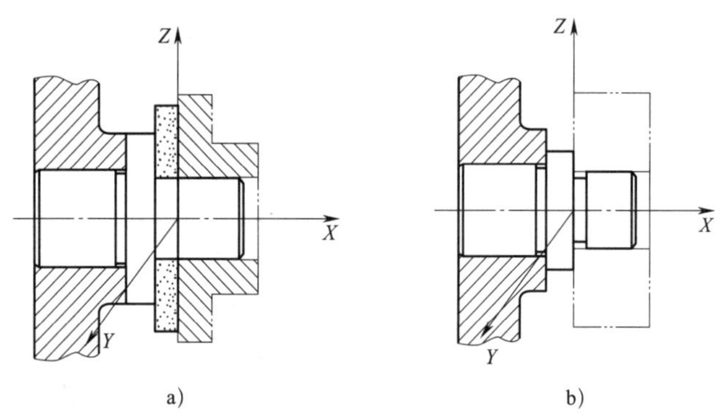

图 1–2–3　过定位及消除方法示例

a）过定位　b）消除过定位的结构

（5）如图 1–2–4 所示的工件以内孔定位，试填写圆锥定位销的三种方式。

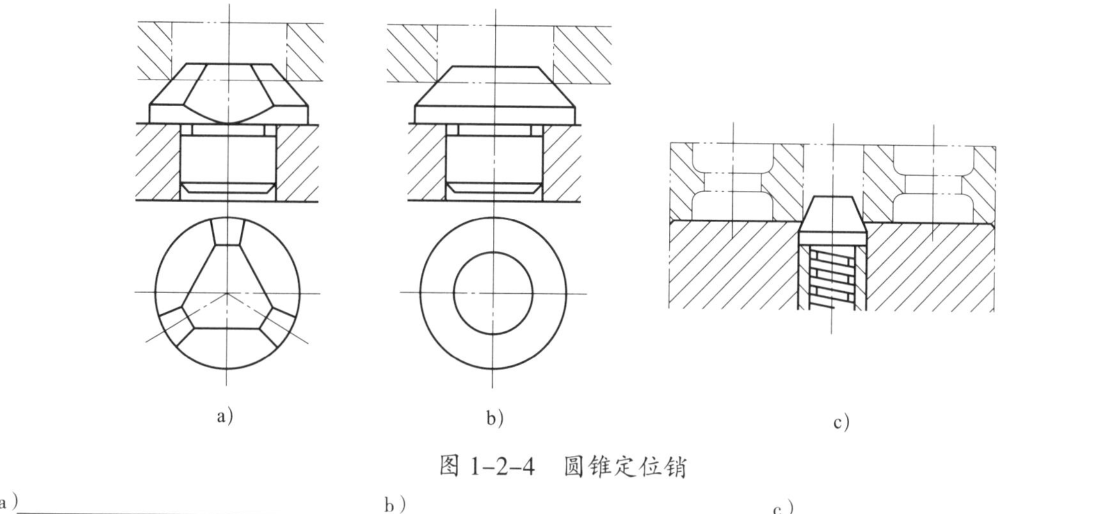

图 1–2–4　圆锥定位销

a）________________　b）________________　c）________________

2. 心轴定位的选择及分析

在套类、盘类零件的车削和磨削及齿轮加工中大多选用心轴定位，通过分析回答下列问题。

（1）什么情况下选择带台阶定位面的心轴定位（见图 1–2–5）？

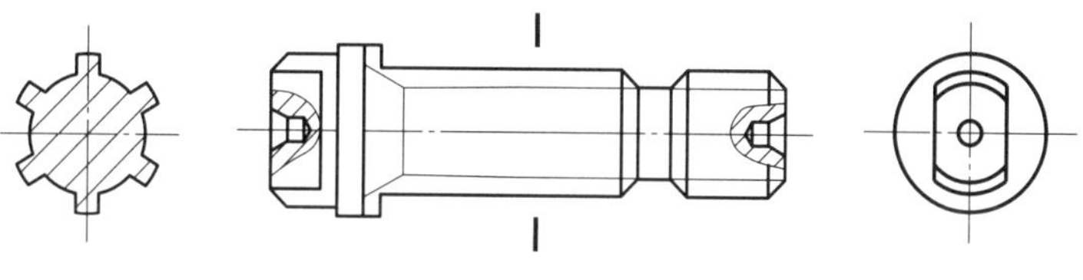

图 1–2–5　带台阶定位面的心轴

（2）什么情况下选择带外花键定位面的心轴定位（见图 1–2–6）？

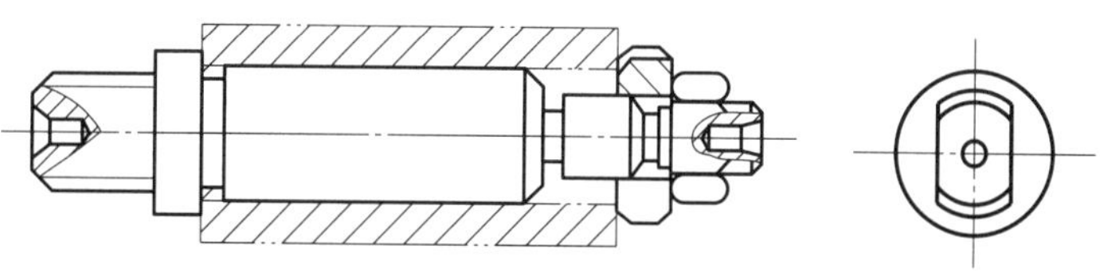

图 1–2–6　带外花键定位面的心轴

（3）什么情况下选用小锥度心轴定位?

3. 夹紧装置的设计原则

在机械加工过程中，为保持工件定位时所确定的正确位置，防止工件在切削力、惯性力、离心力、重力等作用下发生位移和振动，机床夹具应设有夹紧装置，将工件压紧、夹牢。夹紧装置是否合理、可靠及安全，对工件加工的精度、生产效率和工人的劳动条件有着重大的影响，试写出夹紧装置的设计原则。

（1）工件不移动原则＿＿＿＿＿＿＿＿＿＿＿＿＿＿＿＿＿＿＿＿＿＿＿＿＿＿＿＿＿＿。

（2）工件不变形原则＿＿＿＿＿＿＿＿＿＿＿＿＿＿＿＿＿＿＿＿＿＿＿＿＿＿＿＿＿＿。

（3）工件不振动原则＿＿＿＿＿＿＿＿＿＿＿＿＿＿＿＿＿＿＿＿＿＿＿＿＿＿＿＿＿＿。

（4）安全可靠原则＿＿＿＿＿＿＿＿＿＿＿＿＿＿＿＿＿＿＿＿＿＿＿＿＿＿＿＿＿＿＿。

（5）经济实用原则＿＿＿＿＿＿＿＿＿＿＿＿＿＿＿＿＿＿＿＿＿＿＿＿＿＿＿＿＿＿＿。

4. 工件装夹与机床夹具的关系

工件装夹是指将工件置于机床夹具上（内），进行定位和夹紧的过程，它是实现机床夹具工作目标的重要过程之一。

如果工件装夹不正确，如夹紧力过大，就可能引起夹具变形或工作面精度受损；反之，机床夹具使用过程中出现的受力、受热变形，以及机床夹具的设计是否合理和优良，又直接影响工件装夹的效率和正确性。例如，如果夹紧传动机构不合理，就可能影响操作者的夹紧用力，造成夹紧力过大而使工件变形；或者夹紧力过小，工件因未被夹紧而移动。因此，合理的夹紧传动机构一定能提高装夹的工作效率。

试述正确装夹工件的要求。

5. 试述机床夹具设计的基本要求。

6. 现代机床夹具的发展方向

为了适应现代机械工业向高、精、尖方向发展的需要和多品种、小批量生产的特点，现代机床夹具的发展方向主要表现为标准化、精密化、高效化和柔性化四个方面，请分别写出其含义。

（1）标准化______________________________。

（2）精密化______________________________。

（3）高效化______________________________。

（4）柔性化______________________________。

四、刀具的相关知识

1．机夹可转位车刀的组成

刀片是机夹可转位车刀中最重要的组成元件。国家标准《切削刀具用可转位刀片型号表示规则》（GB/T 2076—2007）规定，刀片形状共分为等边等角、等边不等角、等角不等边、不等边不等角、圆形五大类，具体形状包括正六边形、正八边形、正五边形、正方形、正三角形、菱形、等边不等角的六边形、矩形、平行四边形、不等边不等角六边形、圆形共 11 种，如图 1-2-7 所示，请填出图中常见的几种刀片形状。

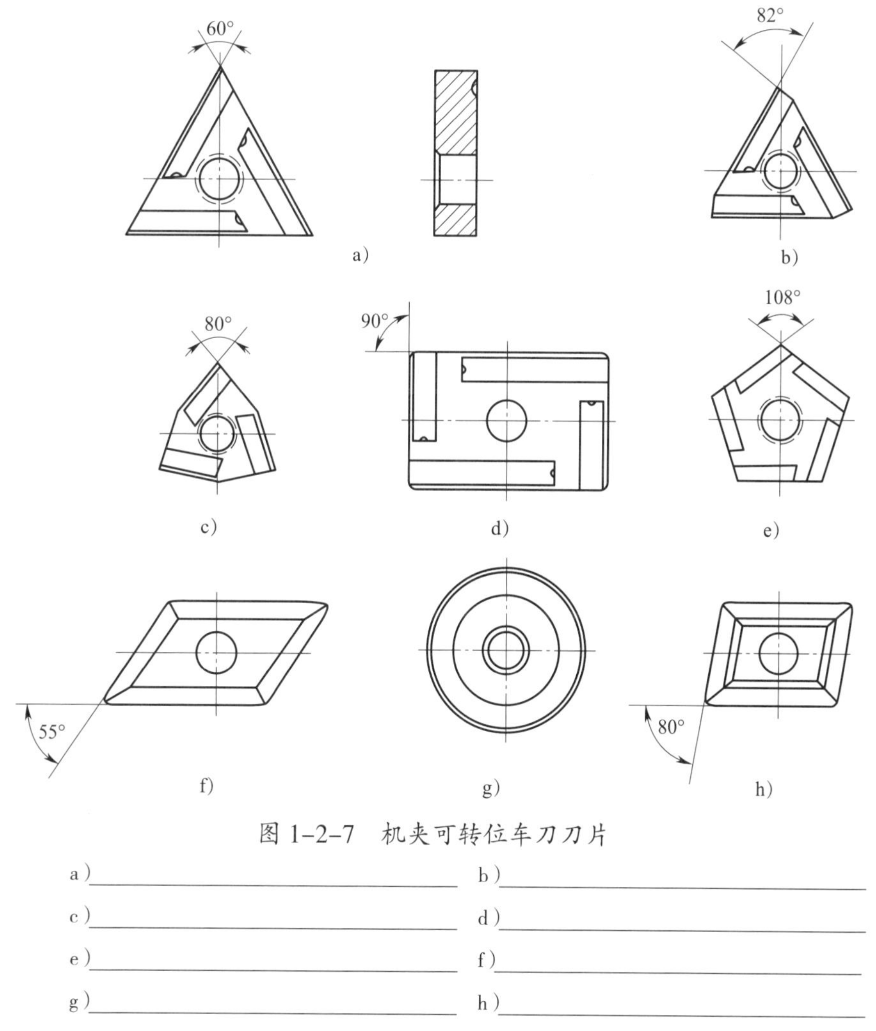

图 1-2-7　机夹可转位车刀刀片

a）____________________ b）____________________

c）____________________ d）____________________

e）____________________ f）____________________

g）____________________ h）____________________

2. 按照试切法完成工件的对刀操作，并回答下列问题。

（1）对刀的定义____。

（2）对刀点是指____，对刀点又称起刀点，是加工程序的起点。通过找正刀具与一个在工件坐标系中有确定位置的点来确定____________与____________的相互位置关系。

（3）数控车床对刀点位置的确定原则是什么?

（4）数控车床对刀点可选在工件上，也可选在____________________，但必须与工件的定位基准（相当于工件坐标系）有已知的准确尺寸关系，这样才能确定工件坐标系与机床坐标系的关系。当对刀精度要求较高时，对刀点应尽量选择在____________。

（5）对数控车床、加工中心等数控机床，加工过程中需要换刀，在编程时应考虑选择合适的换刀点。所谓换刀点，是指________________________________，该点可以是某一固定点，也可以是任意的一点。

（6）换刀点的位置应根据____________________的原则而确定。换刀点往往是固定的点，且应设在____________________的地方，以刀架转位时不碰工件及其他部位为准。

知识链接

数控加工的特点

数控机床对工件的加工过程是严格按照加工程序所规定的参数及动作执行的，它是一种高效能自动（或半自动）机床。数控机床虽然具有普通机床所不具备的许多优点，而且它的应用范围还在不断扩大，但是目前还不能完全取代普通机床，也就是说，它不能以最经济的方式来解决工件加工中所有问题。为了更好地说明这个问题，有必要先初步了解一下采用数控机床加工的优点和缺点。

1．加工精度高，质量稳定

数控系统每输出一个脉冲，机床移动部件的位移量称为____________。数控机床的脉冲当量一般为________，高精度的数控机床可达________，其运动分辨率远高于普通机床。另外，数控机床具有位置________，可将移动部件实际位移量或丝杠、伺服电动机的转角反馈到________，并进行补偿。因此，可获得比机床本身精度还高的加工精度。数控机床加工工件的质量由机床保证，无人为操作误差的影响，因此，同一批零件的尺寸一致性好，质量稳定。

2．生产效率高

数控机床结构好，功率大，能自动进行切削加工，所以能选择________切削用量，并自动连续完成整个工件的加工过程，能大大缩短辅助时间。又因为数控机床的__________精度高，可省去加工过程中对工件的中间检测，减少了停机检测时间，所以数控机床的生产效率高，一般为普通机床的 3 ~ 5 倍，对某些复杂工件的加工，其生产效率可以提高十几倍甚至几十倍。

3．减轻劳动强度，改善劳动条件

用数控机床进行加工，除了____________、__________、__________、观察机床运行外，其他的机床动作都是按照加工程序要求自动、连续地进行的，操作者不需要进行繁重、重复的手工操作，因此能减轻劳动强度，改善劳动条件。

4．对工件的加工适应性强，灵活性好

因为数控机床能实现几个__________的联动，加工程序可以按照加工工件的要求而变换，不需要制造及更换许多工具、夹具，不需要经常调整机床，同时节省了大量的工艺装备的费用。所以，数控机床的适应性强，灵活性好，适合加工普通机床无法加工的__________、__________以及进行新产品的试制。

5．有利于生产管理

在数控机床上加工工件，可以准确地计算出工件的加工工时，并有效地简化____________和半成品的管理工作。加工程序采用____________的标准代码输入，有利于与计算机连接，构成由计算机控制和管理的生产系统。

6．初始投资大，加工成本高

数控机床的价格一般是普通机床的若干倍，机床配件的价格也较高；另外，加工首件需要进行编程、____________________和__________，时间较长，因此使工件的加工成本高于普通机床。

7．生产准备工作复杂

由于整个加工过程采用程序控制，数控加工的前期准备工作较为复杂，主要包含__________________、____________________等。

学习活动 2　模具导套加工工艺分析及计划制订

学习目标

1. 能熟练掌握相关数控加工指令的使用方法。

2. 能掌握 FANUC 数控系统的程序结构和编程格式。

3. 能熟练掌握数控机床操作面板各按键的功能和使用方法。

4. 能正确编写模具导套加工程序。

建议学时　6 学时。

学习过程

一、车削加工路线选择

1．车削外轮廓时确定进给路线要确保什么要求？

2．查阅资料，把正确答案填写在横线上。

（1）暂停指令 G04 的格式和含义

利用暂停指令，可以______________下个程序段的执行，推迟时间为__________________。

1）指令格式：______________________________；

2）指令含义。用于指令暂停时间。X 后面的数值带小数点，否则以此数值的千分之一计算；P 后面的数值不允许有小数点（即以整数表示）。

3）指令说明。G04 为____________________G 指令，G04 延时时间由指令字指定；指令字 X、P 或 U 指令值的时间单位分别是____________、____________、____________。

（2）外圆、内孔粗车复合循环指令 G71 的格式、含义及加工实例

G71 指令适用于粗车棒料毛坯外圆，以切除毛坯较大的余量。其走刀路线如图 1-2-8 所示。

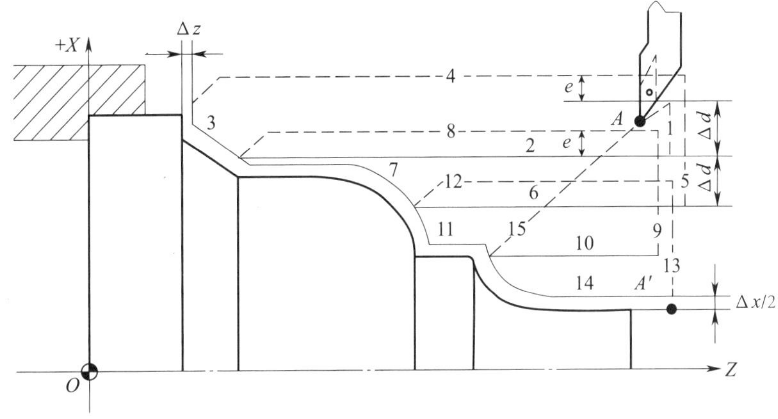

图 1-2-8　外圆粗加工循环走刀路线

1）编程格式：

G71 U__ R__；

G71 P__ Q__ U__ W__ F__ S__ T__；

N（ns）…；

…；

N（nf）…；

2）写出各指令的含义：

Δd——

e——

ns——

nf——

Δx——

Δz——

F——

S——

T——

3）G71 指令加工实例（见图 1-2-9）

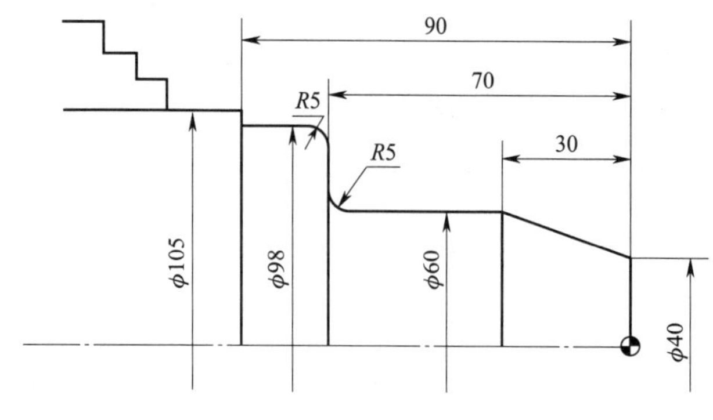

图 1-2-9　G71 指令加工实例

程序：

O0001；	
G40 G97 G99 S500 M03 T0101；	（T0101 粗车刀）
G00 X106.0 Z5.0 M08；	（刀具快速移到循环起点）
G71 U2.0 R0.5；	（G71 切深 2.0 mm，退刀量为 0.5 mm）
G71 P10 Q20 U0.4 W0.2 F0.2；	（*X* 向留精车余量 0.4 mm，*Z* 向留精车余量 0.2 mm）
N10 G42 X0；	（建立刀补，N10 ~ N20 为精车程序）
G01 Z0 F0.15 S600；	
X40.0；	
X60.0 Z-30.0；	
Z-65.0；	
G02 X70.0 Z-70.0 R5.0；	
G01 X88.0；	
G03 X98.0 Z-75.0 R5.0；	
G01 Z-90.0；	
N20 G40 X106.0；	（取消刀补）
G00 X150.0 Z200.0 M09；	（换刀点）
T0202；	（换精车刀）
G00 X106.0 Z5.0；	（外圆精车循环起点）
G70 P10 Q20；	
G28 U0 W0 T0 M05；	（*X* 轴、*Z* 轴回参考点）
M30；	

（3）端面粗车复合循环指令 G72 的格式和含义

G72 指令适用于粗车棒料毛坯端面，以切除毛坯较大的余量。其走刀路线如图 1-2-10 所示。

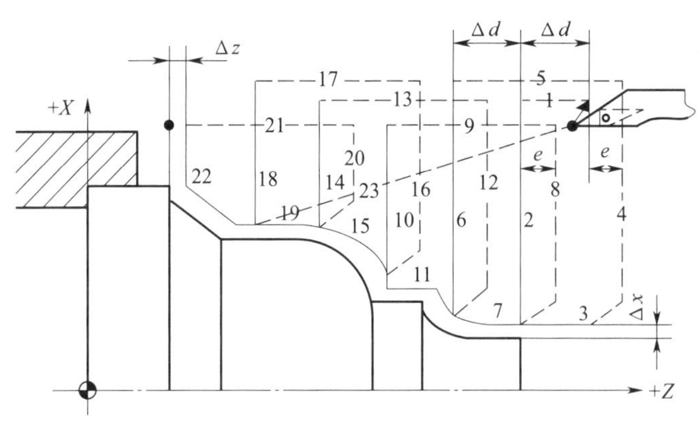

图 1-2-10　端面粗加工循环走刀路线

1）编程格式：

G72 W$\underline{\Delta d}$ R$\underline{e}$；

G72 P$\underline{ns}$ Q$\underline{nf}$ U$\underline{\Delta u}$ W$\underline{\Delta w}$ F$\underline{f}$ S$\underline{s}$ T$\underline{t}$；

N（ns）…；

…；

N（nf）…；

2）写出各指令的含义：

Δd——

e——

ns——

nf——

Δu——

Δw——

f——

s——

t——

二、数控机床控制面板的知识

查阅机床操作资料，完成以下内容的填空：

1．如图 1-2-11 所示为 FANUC 0i 系统数控车床的 CRT 显示器和 MDI 键盘单元，它主要由__________、________________和________________等组成。

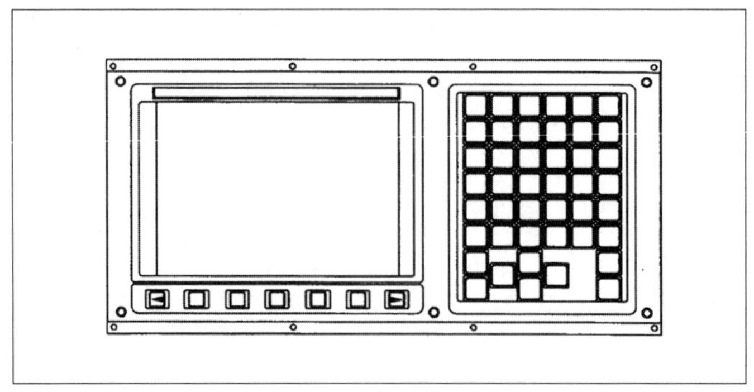

图 1-2-11　CRT 显示器和 MDI 键盘单元

2．如图 1-2-12 所示为 FANUC 0i 系统数控车床 MDI 面板，对各按键的名称进行补充说明。

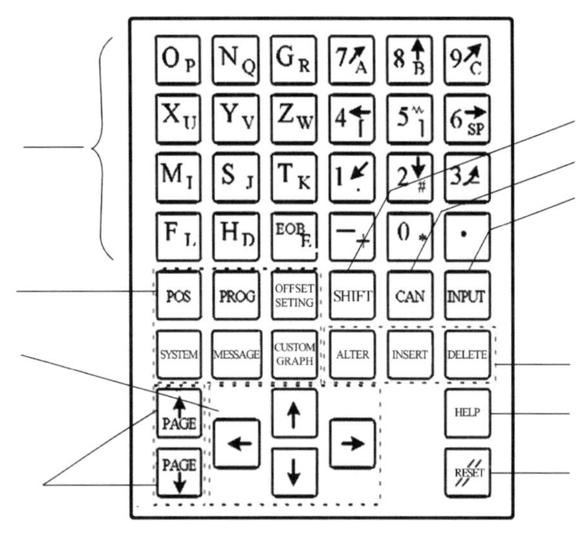

图 1-2-12　MDI 面板

三、车刀的知识

1．前角

（1）前角的影响是____。

（2）正值前角增大，切削刃锋利，前角每增大 1°，切削功率减小 1%，切削刃强度降低，用于切削____。

（3）负值前角增大，切削力增大，切削刃强度高，以适应__________、切削__________的加工条件。

2．主偏角

（1）影响各切削分力的比值与产生振动的可能性。______________主偏角，则________________F_p 增大，____________F_f 减小；反之____________主偏角，则可使 F_p 减小，F_f 增大。当工艺系统刚度较低时，若过于____________主偏角，F_p 明显减小，就可能引起振动，损坏刀具，顶弯工件。

（2）影响切削截面的形状。在背吃刀量和进给量一定的情况下，随着主偏角的____________，切削厚度将____________，切削宽度____________，切削刃参加切削的长度____________，切削刃单位长度的负荷减轻，刀尖角增大，这就会提高刀尖强度，改善散热条件，因而可提高刀具耐用度。

（3）影响工件表面形状。车削台阶轴时，应选主偏角 =__________，而当车削外圆端面及倒角时，则可选主偏角 =__________。

（4）影响断屑的效果。主偏角越大，切削厚度__________，切削宽度__________，越容易__________。

（5）影响残留面积的高度。当主切削刃的直线部分参与形成残留面积时，__________主偏角，可提高加工表面质量。

3．后角

（1）后角的作用。__________。

（2）后角的影响。后角大，__________。

（3）小的后角用于__________；大的后角用于__________。

4．副偏角

（1）副偏角的作用。__________，副偏角一般为 5° ~ 15°。

（2）副偏角的影响。副偏角小，刀尖角增大，刀尖强度提高，散热好。粗加工时__________；而精加工时__________。

5．刃倾角

刃倾角的作用是控制排屑方向，当刃倾角为负值时，可增加刀头的强度及在车刀受冲击时保护刀尖。

重力切削时，切削开始点的刀尖上要承受很大的冲击力，为防止刀尖受此力而发生脆性损伤，故需有刃倾角，推荐车削时刃倾角为__________。

6．刀尖圆弧半径

刀尖圆弧半径对刀尖的强度和工件表面粗糙度影响很大，一般刀尖圆弧半径选进给量的 2 ~ 3 倍。

（1）刀尖圆弧半径的影响。刀尖圆弧半径大，__________，刀具前面、后面磨损减小；刀尖圆弧半径过大，__________，切屑处理性能恶化。

（2）刀尖圆弧半径小用于切削__________，细长轴加工，机床刚度低的场合。

（3）刀尖圆弧半径大用于需要切削刃强度高的毛坯硬皮的切削，__________，机床刚度高的场合。

四、制定加工工艺

1．工艺规程是什么？一般包括哪些内容？

2．各小组分析、讨论并制定模具导套的加工工艺。

根据加工要求，考虑现场的实际条件，小组成员共同分析、讨论并确定合理的计划，填写在表 1–2–3 的模具导套加工工艺卡中。

表 1–2–3　　模具导套加工工艺卡

<table>
<tr><td colspan="3" rowspan="2">（单位名称）</td><td rowspan="2">加工工艺卡</td><td>产品名称</td><td>模具导套</td><td colspan="2">图号</td><td colspan="2"></td></tr>
<tr><td>零件名称</td><td></td><td colspan="2">数量</td><td></td><td>第　页</td></tr>
<tr><td colspan="2">材料种类</td><td>GCr15</td><td>材料成分</td><td></td><td>毛坯尺寸</td><td colspan="3"></td><td>共　页</td></tr>
<tr><td rowspan="2">工序</td><td rowspan="2">工步</td><td rowspan="2">工序名称</td><td rowspan="2">工序内容</td><td rowspan="2">车间</td><td rowspan="2">设备</td><td colspan="2">工具</td><td rowspan="2">计划工时</td><td rowspan="2">实际工时</td></tr>
<tr><td>量具、刀具</td><td>辅具</td></tr>
<tr><td>1</td><td></td><td></td><td></td><td></td><td></td><td></td><td></td><td></td><td></td></tr>
<tr><td>2</td><td></td><td></td><td></td><td></td><td></td><td></td><td></td><td></td><td></td></tr>
<tr><td>3</td><td></td><td></td><td></td><td></td><td></td><td></td><td></td><td></td><td></td></tr>
<tr><td>4</td><td></td><td></td><td></td><td></td><td></td><td></td><td></td><td></td><td></td></tr>
<tr><td>5</td><td></td><td></td><td></td><td></td><td></td><td></td><td></td><td></td><td></td></tr>
<tr><td>6</td><td></td><td></td><td></td><td></td><td></td><td></td><td></td><td></td><td></td></tr>
<tr><td>7</td><td></td><td></td><td></td><td></td><td></td><td></td><td></td><td></td><td></td></tr>
<tr><td>8</td><td></td><td></td><td></td><td></td><td></td><td></td><td></td><td></td><td></td></tr>
<tr><td>9</td><td></td><td></td><td></td><td></td><td></td><td></td><td></td><td></td><td></td></tr>
<tr><td>10</td><td></td><td></td><td></td><td></td><td></td><td></td><td></td><td></td><td></td></tr>
<tr><td colspan="3">更改号</td><td></td><td colspan="2">拟定</td><td>校正</td><td>审核</td><td colspan="2">批准</td></tr>
<tr><td colspan="3">更改者</td><td></td><td colspan="2"></td><td></td><td></td><td colspan="2"></td></tr>
<tr><td colspan="3">日　期</td><td></td><td colspan="2"></td><td></td><td></td><td colspan="2"></td></tr>
</table>

五、制订工作计划

根据编制的模具导套加工工艺卡，制订模具导套加工工作计划，见表 1–2–4。

表 1–2–4　　模具导套加工工作计划

序号	开始时间	结束时间	工作内容	工作要求	备注
1					
2					
3					

续表

序号	开始时间	结束时间	工作内容	工作要求	备注
4					
5					
6					
7					

学习活动 3　模具导套加工

学习目标

1. 能按模具导套的加工要求制定加工工步，列举零件加工过程中的关键要求。

2. 能理解定位基准的基本概念。

3. 能分析定位误差产生的原因，掌握确定夹紧力的基本原则。

4. 能运用数控加工指令编写加工程序。

5. 能掌握选择切削用量的相关知识。

建议学时　30 学时。

学习过程

一、加工准备

1．熟悉工作环境

了解数控车间内工作区的范围和限制，了解企业对环境、安全、卫生和事故预防的标准。

2．领取工具、量具、刀具

领取工具、量具、刀具，并填写表 1-2-5 的清单。

表 1-2-5　　工具、量具、刀具清单

序号	名称	规格	数量	备注
1				
2				
3				
4				

续表

序号	名称	规格	数量	备注
5				
6				
7				
8				
9				
10				

3．领取毛坯

领取毛坯，测量并记录所领毛坯的实际外形尺寸，判断毛坯是否有足够的加工余量。

4．选择切削液

根据加工对象及所用刀具，选择本学习活动所用的切削液。

二、加工过程

1．开机准备

（1）做好开机前的各项常规检查工作。

（2）启动机床操作流程符合规范。

（3）机床各坐标轴回参考点。

（4）输入数控加工程序并进行校验。

2．确定基准重合的工序尺寸及公差的具体步骤有哪些？

3．什么是工艺尺寸链？它具有哪两个特征？

4．轮廓粗车的加工路线有哪几种？

5．安装切断刀的注意事项有哪些？

三、定位的相关知识

1．定位基准的分类

（1）主要定位基准面

如图 1–2–13 中的 *XOY* 平面设置三个支承点，限制了工件的________________自由度，这样的平面称为________________。

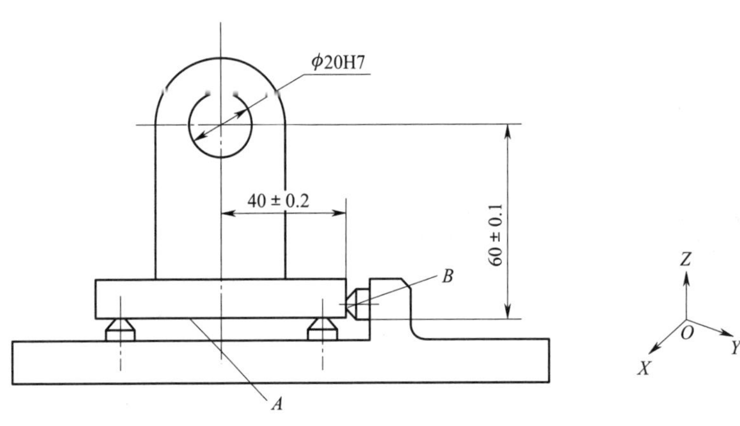

图 1–2–13　工件的定位基准

（2）导向定位基准面

如图 1–2–14 中的 *XOY* 平面设置两个支承点，限制了工件的_________自由度，这样的平面或圆柱面称为_________。

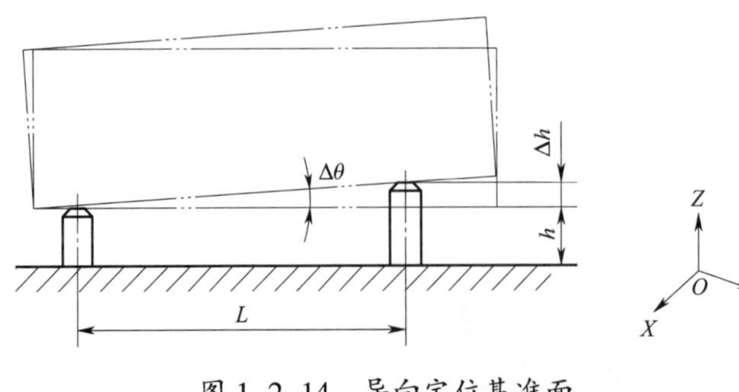

图 1–2–14　导向定位基准面

（3）双导向定位基准面

限制工件____________________自由度的圆柱面称为____________________，如图 1-2-15 所示。

（4）双支承定位基准面

限制工件__________自由度的圆柱面称为____________________，如图 1-2-16 所示。

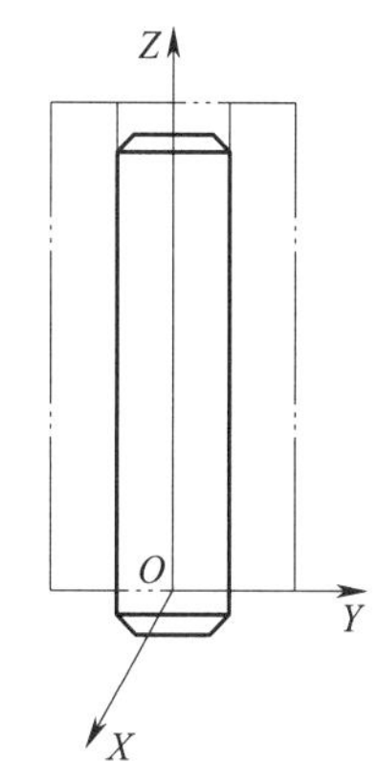

图 1-2-15　双导向定位基准面

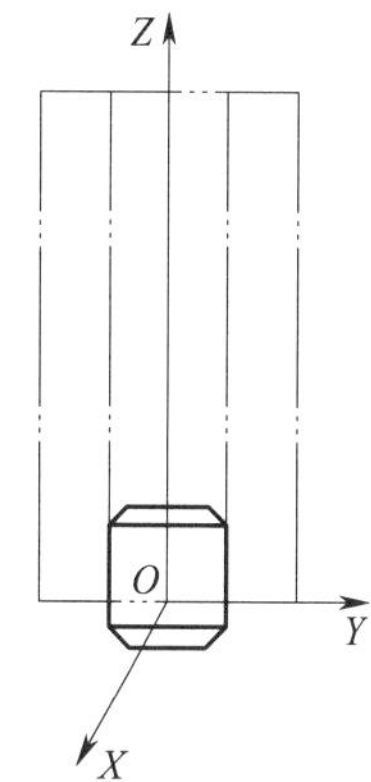

图 1-2-16　双支承定位基准面

（5）止推定位基准面

限制工件______________自由度的表面称为止推定位基准面。

（6）防转定位基准面

限制工件______________自由度的表面称为防转定位基准面。

2．什么是定位基准？什么是六点定位原理？试举例说明。

3．定位误差产生的原因及确定夹紧力的基本原则。

（1）定位误差产生的原因

1）基准位移误差 Δ_Y。由定位副的制造误差或定位副配合所导致的_______________________方向上的最大位置变动量称为基准位移误差，用 Δ_Y 表示，如图 1-2-17 所示。

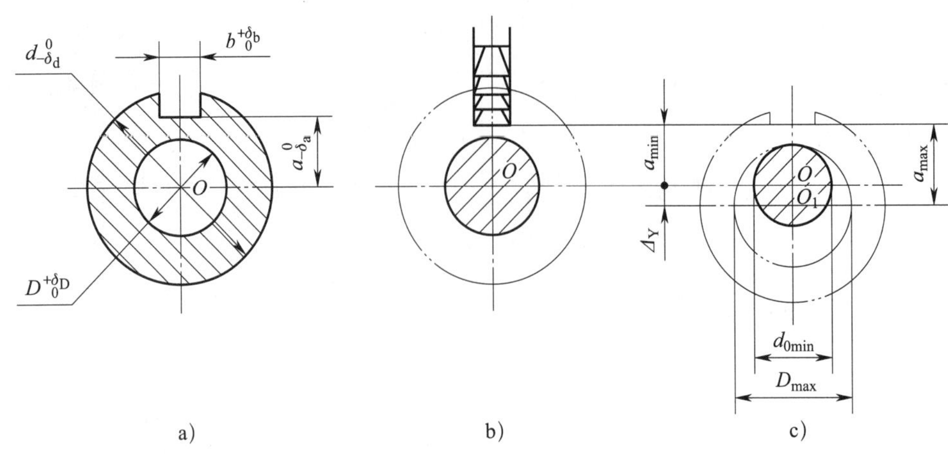

图 1-2-17　基准位移产生定位误差

2）基准不重合误差 Δ_B。如图 1-2-18 所示，加工尺寸 h 的基准是外圆柱面的素线，但定位基准是工件圆柱孔中心线，这种由于工序基准与定位基准不重合所导致的________________方向上的最大位置变动量称为基准不重合误差，用 Δ_B 表示。

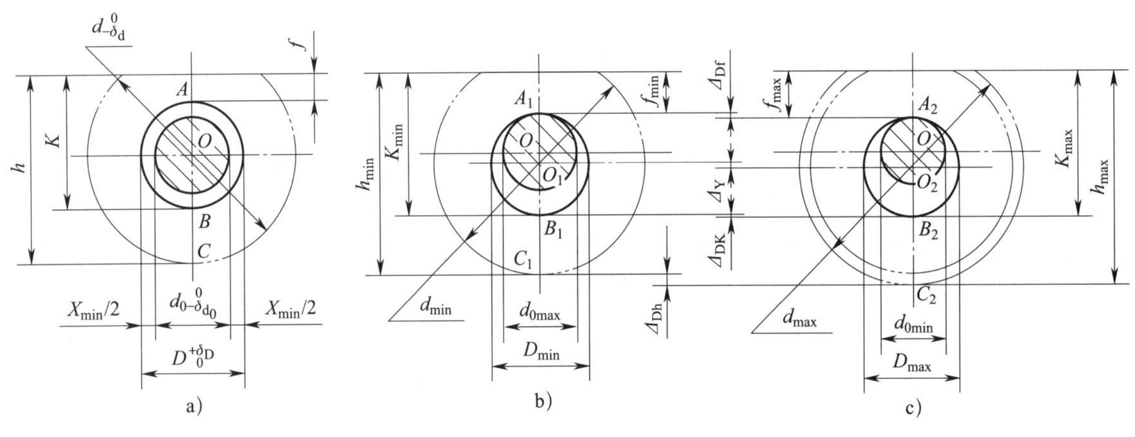

图 1-2-18　基准不重合产生定位误差

（2）确定夹紧力的基本原则

1）如图 1-2-19 所示，夹紧力的方向应____________，且夹紧力的作用点应____________。

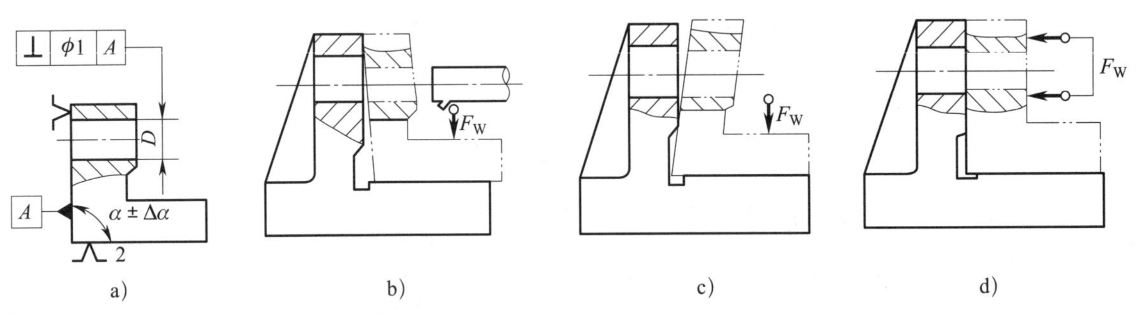

图 1-2-19　夹紧力应指向主要定位基面

a）工序简图　b）、c）错误　d）正确

2）夹紧力的方向应有利于______________，以减小______________，减轻劳动强度，因此，夹紧力 F_W 的方向最好与切削力 F、工件重力 G 的方向重合，如图 1-2-20 所示。

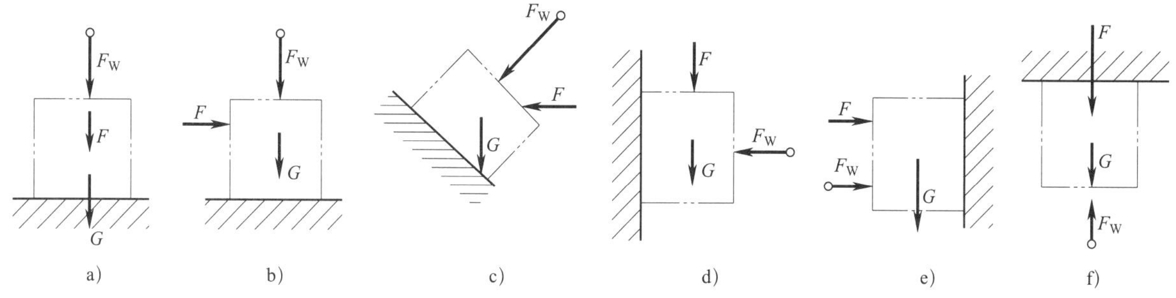

图 1-2-20　夹紧力方向与夹紧力大小的关系

3）夹紧力的方向应是________________________的方向。

（3）一批工件在夹具中定位与单件在机床上加工时的定位有什么区别?

四、循环加工指令

根据切槽循环指令 G75 的相关知识完成以下题目：

G75 切槽循环走刀路线如图 1-2-21 所示。相当于在 G74 中，把 X 和 Z 进行调换，在此循环中，可以进行端面切削的断屑处理，并且可以对外轮廓进行沟槽加工和切断（省略 Z、W、Q）。

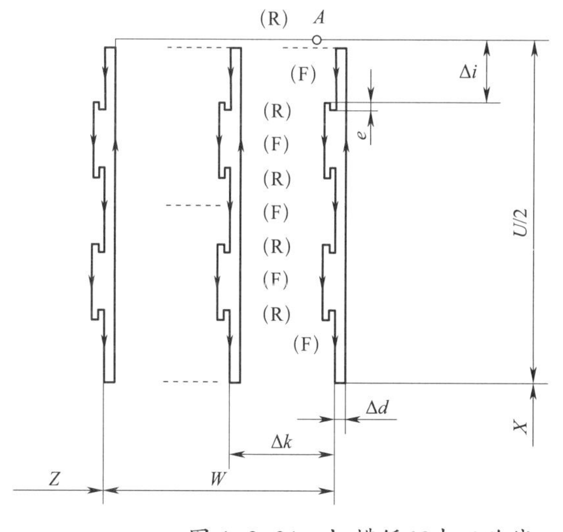

图 1-2-21　切槽循环走刀路线

1．指令格式：

G75 ______;

G75 ____;

2．指令含义：

e:____。另外，用参数也可以设定，根据程序指令，参数值也改变。

X:______________________。

U:______________________。

Z:______________________。

W:______________________。

Δi:______________________（无符号）（直径值）。

Δk:______________________（无符号）。

Δd:______________________，通常不用指定，省略 X（U）和 ΔI 时，则视为 0。

F:______________________。

注：G75 指令可用于切断、切槽或孔加工，可以使刀具自动退刀。

3．G75 指令使用注意事项：____

____

____

____。

五、切削用量相关知识

1．查阅资料，补全以下内容：

在切削加工过程中，要从工件上切除多余的材料，刀具与工件之间必须有相对运动，称为__________，如图 1-2-22 所示。按作用来分，切削运动可分为__________和__________。

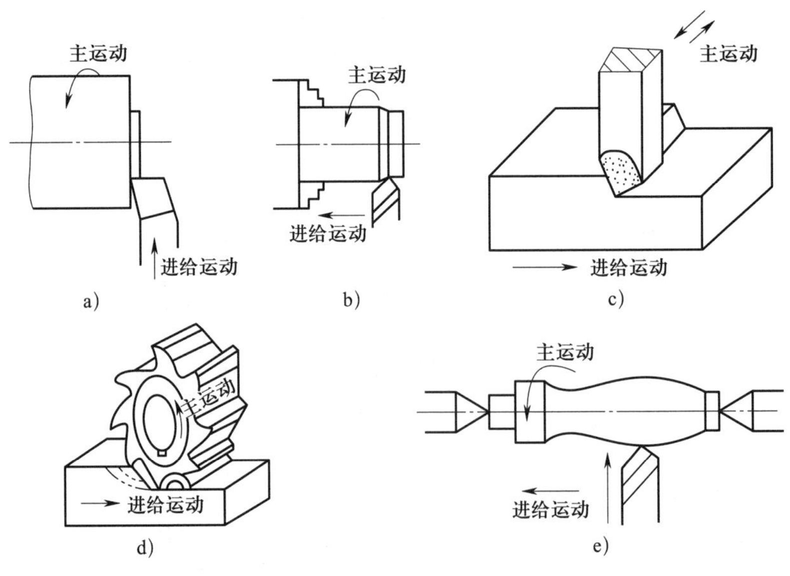

图 1-2-22　切削运动

a）车端面　b）车外圆　c）刨平面　d）铣平面　e）车成形面

2．根据所学内容，完成下列问题：

（1）将一直径为 50 mm 的轴切削至 45 mm，已知车床转速为 600 r/min，试计算切削速度。

（2）选择切削用量时需要考虑哪些因素？

（3）在切削用量中，背吃刀量、进给量、切削速度的选择原则是什么？

六、加工过程

1．请根据模具导套的加工流程和存在的问题填写表 1–2–6。

表 1–2–6　　模具导套加工流程

序号	程序名称	加工方式	加工参数	装刀长度	尺寸精度	工步时间	加工过程存在问题	备注（余量）
1			刀具： 转速： 切削速度（F）：					
2			刀具： 转速： 切削速度（F）：					
3			刀具： 转速： 切削速度（F）：					
4			刀具： 转速： 切削速度（F）：					
5			刀具： 转速： 切削速度（F）：					

续表

序号	程序名称	加工方式	加工参数	装刀长度	尺寸精度	工步时间	加工过程存在问题	备注（余量）
6			刀具： 转速： 切削速度（F）：					
7			刀具： 转速： 切削速度（F）：					
8			刀具： 转速： 切削速度（F）：					
9			刀具： 转速： 切削速度（F）：					
10			刀具： 转速： 切削速度（F）：					

2. 模具导套零件加工刀具路径见表 1–2–7。

编程顺序包括外圆粗车、内孔粗车、端面精车、外圆精车、掉头外圆粗车、内孔粗车、外圆精车、车槽、内孔精车。

表 1–2–7　模具导套加工刀具路径

序号	加工图示	编程路径图示	仿真图示	加工参数设置（参考）
1		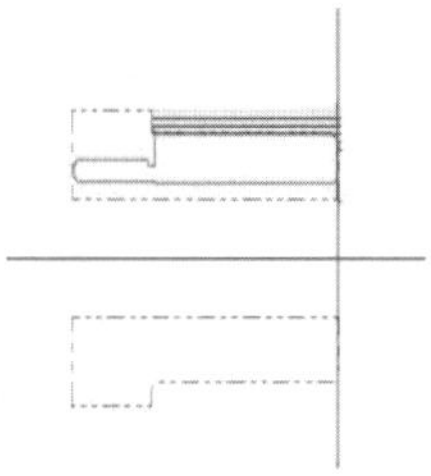		外圆粗车： 刀具：外圆车刀 转速：1 200 r/min 进给量：0.18 mm/r
2	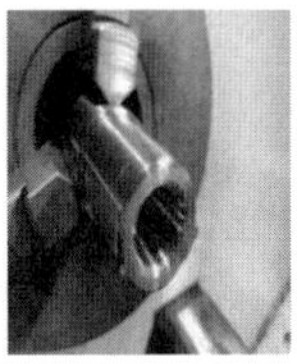	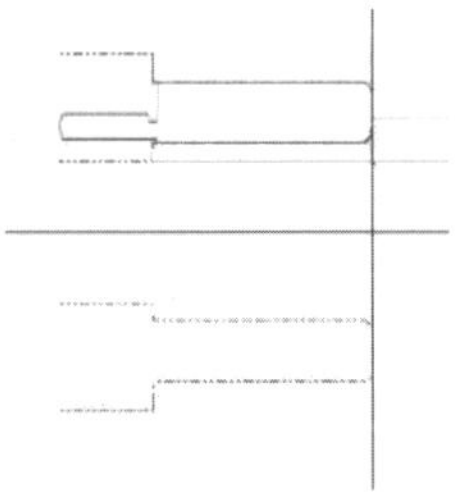		内孔粗车： 刀具：内孔车刀 转速：1 200 r/min 进给量：0.18 mm/r

续表

序号	加工图示	编程路径图示	仿真图示	加工参数设置（参考）
3		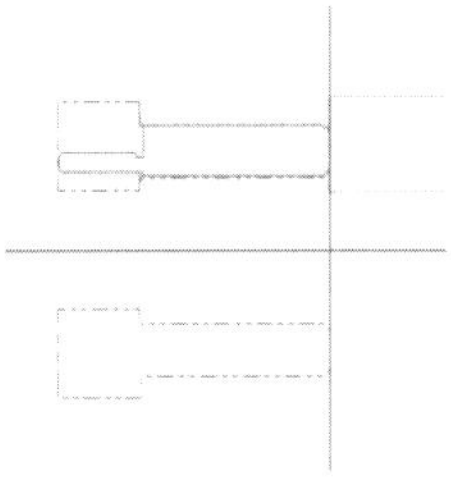		端面精车： 刀具：外圆车刀 转速：2 000 r/min 进给量：0.1 mm/r
4	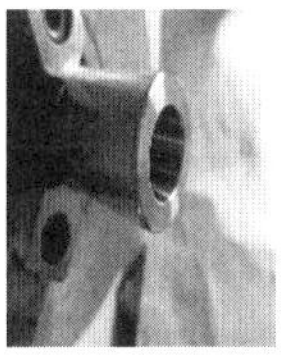	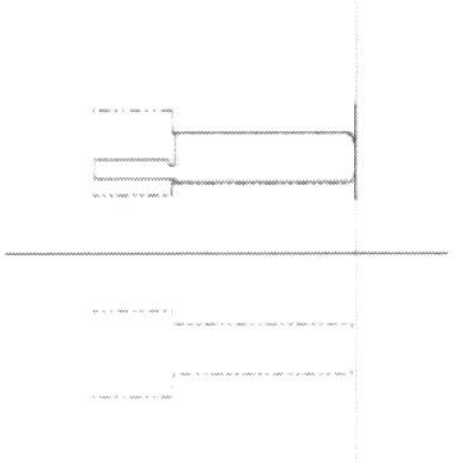		外圆精车： 刀具：外圆车刀 转速：2 000 r/min 进给量：0.1 mm/r
5		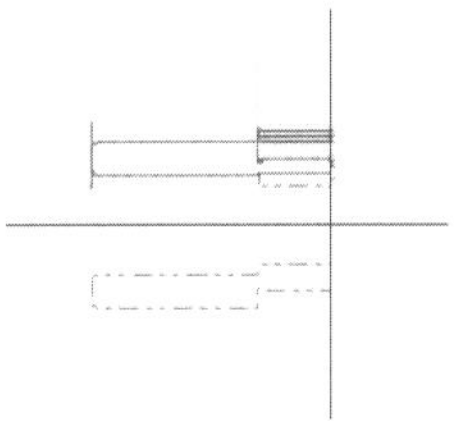	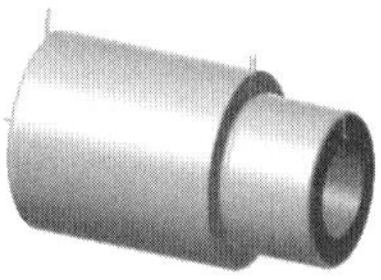	掉头外圆粗车： 刀具：外圆车刀 转速：1 200 r/min 进给量：0.1 mm/r
6		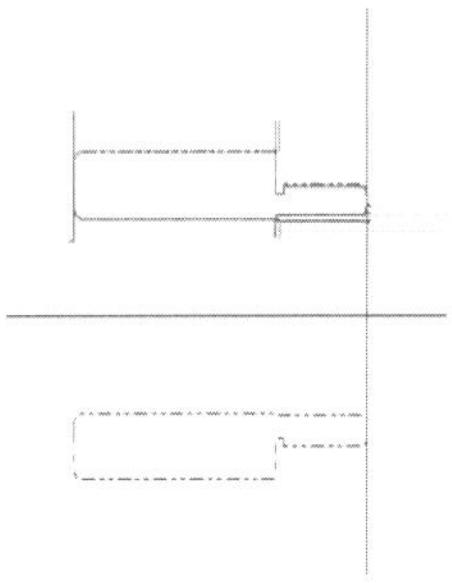	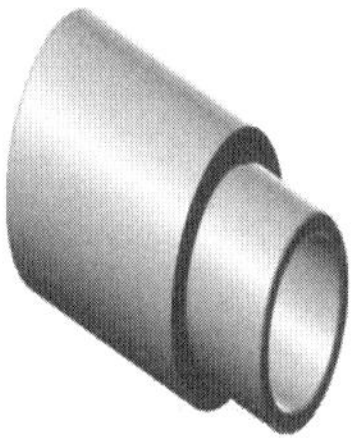	内孔粗车： 刀具：内孔车刀 转速：1 200 r/min 进给量：0.1 mm/r
7		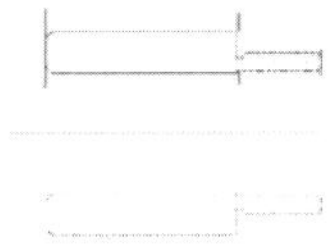	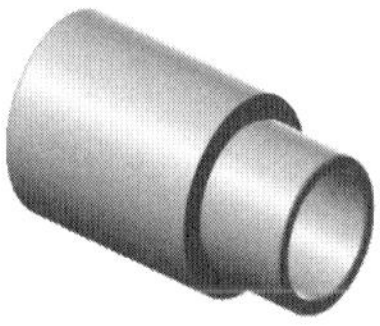	外圆精车： 刀具：外圆车刀 转速：1 200 r/min 进给量：0.1 mm/r
8	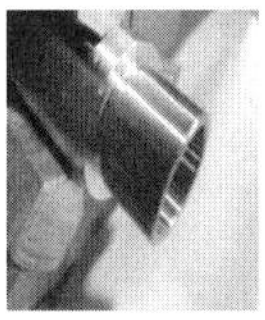	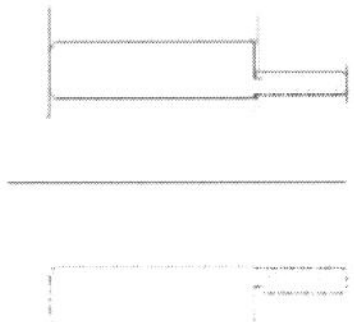	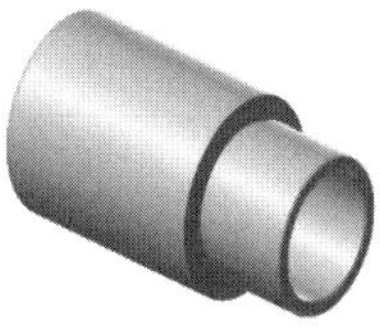	车槽： 刀具：车槽刀 转速：1 200 r/min 进给量：0.1 mm/r
9	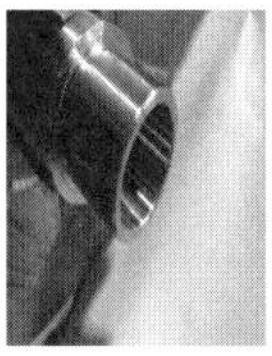	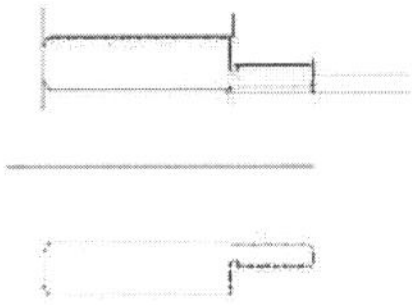	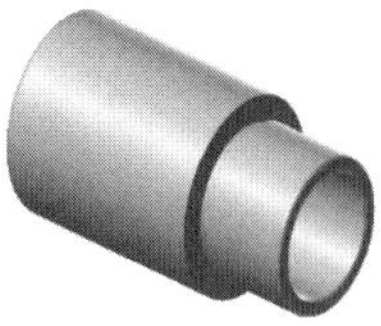	内孔精车： 刀具：内孔车刀 转速：1 200 r/min 进给量：0.1 mm/r

（1）工件的装夹方式是________________________________。

（2）将数控加工工序填入表 1–2–8 中。

表 1–2–8　　　　　　　　　　　　　　数控加工工序卡

工步号	工步内容	刀具	切削用量		
			背吃刀量 /mm	主轴转速 /（r/min）	进给速度 /（mm/r）
1					
2					
3					
4					

3．根据加工要求，考虑现场的实际条件，各小组成员共同分析、讨论并制定合理的加工工艺计划，填入表 1–2–9 中。

表 1–2–9　　　　　　　　　　　　　　加工工艺计划

序号	图示	加工内容	尺寸精度	注意事项	备注
1					
2					
3					
4					
5					
6					
7					
8					
9					
10					

七、机床保养，场地清理

加工完毕，按照车间规定整理现场，清扫切屑，保养机床，并正确处置废油液等废弃物。按车间规定填写交接班记录（见附表 1）和设备日常保养记录卡（见附表 2）。

世赛小知识

世界技能大赛数控车项目中国参赛成绩

我国 2010 年加入世界技能组织，2011 年首次参加世界技能大赛，数控车项目累计获得 1 枚金牌、1 枚银牌和 2 个优胜奖。具体获奖情况如下：

奖牌榜

赛事	奖牌	选手	培养学校
第 41 届世界技能大赛	优胜奖	盛国栋	浙江工业职业技术学院
第 43 届世界技能大赛	优胜奖	王帅	北京市工业技师学院
第 44 届世界技能大赛	银牌	陈智民	广东省机械技师学院
第 45 届世界技能大赛	金牌	黄晓呈	广东省机械技师学院

学习活动 4　模具导套产品检测

学习目标

1. 能正确使用游标卡尺、深度游标卡尺、千分尺、表面粗糙度样板等对模具导套进行检测，并准确记录检测结果。

2. 能写出产品质量检验过程及结果。

3. 能正确、规范地撰写总结。

4. 能对常用手工工具进行维护与保养。

5. 能根据现场管理规范要求，清理场地，归置物品，并按环保要求处理废弃物。

建议学时　6 学时。

学习过程

一、领取检测用量具

1．模具导套需要测量哪些要素？

2．根据测量要素，列出零件在检测过程中要用到的量具，将其规格（精度）及检测内容填入表 1–2–10 中。

表 1–2–10　　模具导套检测量具及检测内容

序号	量具名称	量具规格（精度）	检测内容
1			
2			

续表

序号	量具名称	量具规格（精度）	检测内容
3			
4			

二、模具导套产品检测

1．按表 1–2–11 检验所加工的模具导套是否合格。

表 1–2–11　　模具导套评分标准

序号	项目与技术要求	评分项目	评分标准	配分	自检	互检	用三坐标测量仪检测数值	得分
1	零件正面尺寸	ϕ38r6	超差不得分	8				
2		$\phi 26^{+0.02}_{0}$ mm	超差不得分	10				
3		ϕ（42 ± 0.02）mm	超差不得分	8				
4		ϕ25H7	超差不得分	10				
5		（80 ± 0.02）mm	超差不得分	8				
6		（55 ± 0.01）mm	超差不得分	8				
7		（55 ± 0.02）mm	超差不得分	10				
8		◎ ϕ0.02 A	超差不得分	8				
9	表面质量	$Ra \leqslant 0.2$ μm	超差不得分	5				
10	倒角	一处未加工扣 2 分，一处锐边未倒钝扣 2 分		4				
11	职业素养	工具、量具、刀具分区摆放		3				
12		工具摆放整齐、规范且不重叠		3				
13		量具摆放整齐、规范且不重叠		3				
14		刀具摆放整齐、规范且不重叠		3				
15		工作服、工作帽、工作鞋穿戴规范		3				
16		加工后清理现场		3				
17		现场操作表现		3				
18	其他项目	未注尺寸公差按 GB/T 1804—m		扣分不超过 10 分				
19		工件必须完整，局部无缺陷（夹伤等）						
总分				100				

2．交检验人员验收合格后（以三坐标测量仪检测为准），填写生产任务单。

三、清理现场，归置物品

1．良好的工作习惯是在工作过程中有意识地养成的，这一点对于一名具有良好职业素养的高技能人才而言尤其重要。在每天的学习及实训工作中，你是如何做好整理工作台、合理及整齐放置工具和量具、日常维护及保养设备等工作的?

2．本学习任务所用量具的日常维护与保养各包括哪些工作?

学习活动 5　模具导套产品总结与展示

学习目标

1. 能自信地展示自己的产品，讲述自己产品的优势和特点。

2. 能倾听别人对自己产品的点评。

3. 能听取别人的建议并对产品加工工艺加以改进。

4. 能采用多种形式进行成果展示。

5. 能正确对其他小组的产品进行评价，并提出建议。

建议学时　6 学时。

学习过程

通过小组的展示，采用对小组进行评价和对个人进行评价两种评价方式，其中小组评价采用小组自评、小组互评、教师评价三种方式进行评价。

一、小组展示评价要求

各小组展示制作好的工件，并由小组推荐代表做必要的介绍。在展示过程中，以组为单位进行评价，其他组对展示小组的成果进行相应的评价，展示小组同时也接受其他组的提问，并做出回答，提问小组事先要为所提问题提供一个参考答案。

展示内容要体现本组加工工艺、分工情况、产品完成情况、能否按期交付及小组成员的合作情况，小组展示可通过 PPT、图片、海报、录像等形式，时间控制在 10 min 以内。

二、各小组根据要求填写以下内容

1．写出本产品在加工过程中存在的问题和待改进的地方。

2．从自己的角度出发写出小组成果展示方案。

3．如何更好地展示出本组加工的产品？通过小组讨论定出方案。

三、相关评价表格

1．小组自评表（见表 1–2–12）

表 1–2–12　　＿＿＿＿班＿＿＿＿小组自评表

评价内容	评价标准				配分	得分
	10 ~ 8	8 ~ 6	6 ~ 3	3 ~ 0		
1. 加工产品是否符合技术要求	合格	不良	返修	报废	10	
2. 与其他组相比，你认为本小组的安全防护如何	优	合理	一般	差	10	
3. 本小组介绍成果表达是否清晰	良好	一般	差		10	
4. 本小组成员的基本操作方法是否正确	正确	部分正确	不正确		10	
5. 本小组进行演示操作时是否遵循了“6S”的工作要求	符合工作要求	忽略部分要求	完全没有遵循		10	
6. 本小组成员的团队合作精神与创新精神如何	良好	一般	较差		10	
7. 总结本小组这次学习任务是否达到学习目标？对本小组的建议是什么					40	
总分					100	

小组长签名：　　　　年　　月　　日

2．小组互评表（见表 1–2–13）

表 1–2–13　　　　＿＿＿＿＿＿班＿＿＿＿＿＿小组互评表

评价内容	评价标准				配分	得分
	10 ~ 8	8 ~ 6	6 ~ 3	3 ~ 0		
1. 该小组加工产品是否符合技术要求	合格	不良	返修	报废	10	
2. 与其他组相比，你认为该小组的安全防护如何	优	合理	一般	差	10	
3. 该小组介绍成果表达是否清晰	良好	一般	差		10	
4. 该小组进行演示时基本操作方法是否正确	正确	部分正确	不正确		10	
5. 该小组进行演示操作时是否遵循了“6S”的工作要求	符合工作要求	忽略部分要求	完全没有遵循		10	
6. 该小组成员的团队合作精神与创新精神如何	良好	一般	较差		10	
7. 总结该小组这次学习任务是否达到学习目标？对该小组的建议是什么					40	
总分					100	

小组长签名：　　　　　　　　　　　　　　　　　　　　年　　月　　日

四、教师对展示的情况分别做评价

1．找出各组的优点进行点评。

2．对展示过程中各组的缺点进行点评，并提出改进方法。

3．总结整个学习任务完成过程中出现的亮点和不足。

五、小组总体评价

小组总体评价表见表 1–2–14。

表 1–2–14　　　　＿＿＿＿＿＿班＿＿＿＿＿＿小组总体评价表

评价内容	配分	得分	签名
小组自评（10%）	10		
小组互评（20%）	20		
教师评价（70%）	70		
教师对小组总体评价			
总分	100		

任课教师签名：　　　　　　　　　　　　　　　　　　　　年　　月　　日

六、关键能力评价

1．自我评价表（见表 1–2–15）

表 1–2–15　　　　＿＿＿＿＿＿自我评价表

评价内容	评价标准	努力方向或建议
1. 你负责的部分任务完成情况是否正常	正常 □ 不正常 □ 基本正常 □	
2. 你觉得自己在小组中发挥了什么作用	主导作用 □ 配合作用 □ 旁观者作用 □	
3. 你对本学习任务的学习是否满意？与小组内的其他同学合作是否愉快	很好 □ 一般 □ 不太满意 □	

续表

评价内容	评价标准	努力方向或建议
4. 完成本学习任务后，你学会使用哪些资源查找相关的资料	课本□　教师□ 手册□　计算机□ 其他□（可多选）	
5. 通过完成本学习任务，你对本项目内容有一个初步的认识吗？哪些方面还有待进一步改善	完全掌握 □ 大部分掌握 □ 掌握一点 □ 没有 □	
6. 完成工作页的质量	独立完成 □ 依靠别人帮助 □	
7. 在完成本学习任务的过程中你是否遇到过困难？遇到过哪些困难？你是怎样解决的		

本人签名：　　　　　　　　　　　　　　年　　月　　日

2．个人总体评价表（见表 1-2-16）

表 1-2-16　　　　________班________同学总体评价表

评价内容	项目	配分	自我评价	小组评价	教师评价	综合评价
专业能力	机床保养	20				
	基本操作	15				
	安全文明生产	15				
社会能力	出勤、纪律、态度	8	教师评价			
	讨论、互动、协作精神	10				
	表达、会话	8				
方法能力	学习能力、收集和处理信息能力、创新精神	24				
总分		100				

教师签名：　　　　　　　　　　　　　　年　　月　　日

项目二　杯子模具制作

项目要求

本项目介绍杯子模具的加工，某企业需生产 20 套模具，现生产主管部门委托我校数控车项目组利用现有设备完成杯子型芯与型腔的加工任务，生产周期为 10 天，要求项目组在 10 天内完成该批零件的加工，并经检验合格后交付企业使用。

学习目标

1．能按照数控加工车间安全防护规定，正确穿戴劳动保护用品，严格执行安全操作规程。

2．能运用数控车床上的编辑、修改和替代功能输入并调试杯子模具加工程序，解决在此过程中出现的简单报警问题。

3．能根据杯子模具的加工要求，规范进行对刀操作，正确建立工件坐标系。

4．在杯子模具加工过程中能严格按照数控车床操作规程进行操作。

建议学时

120 学时

学习任务

学习任务一　杯子型芯加工

学习任务二　杯子型腔加工

学习任务一　杯子型芯加工

学习目标

1. 能借助相关手册，查阅零件、刀具所用材料的牌号、用途、性能与分类方法。

2. 能识读零件的轴测图和三视图，正确表述零件的几何精度、尺寸精度、表面粗糙度等信息，指出各信息的含义。

3. 能熟练操作数控车床对杯子型芯进行加工。

4. 能根据杯子型芯的加工要求合理制定加工工艺。

5. 能严格遵守数控车床的安全操作规程。

6. 能利用 Mastercam 软件编制杯子型芯加工刀具路径。

7. 能正确选用量具检测零件的尺寸。

8. 能采用多种形式进行成果展示，正确、规范地撰写总结。

9. 能按照国家环保相关规定和车间要求，正确处置废油液等废弃物。

建议学时

60 学时。

学习任务描述

某企业需生产 20 套模具，委托我校数控车项目组利用现有设备完成 20 件杯子型芯的加工任务，生产周期为 10 天，要求项目组在 10 天内完成该批零件的加工，并经检验合格后交付企业使用。

学习工作流程

学习活动 1　杯子型芯加工准备

学习活动 2　杯子型芯加工工艺分析及计划制订

学习活动 3　杯子型芯加工

学习活动 4　杯子型芯产品检测

学习活动 5　杯子型芯产品总结与展示

型芯零件图如图 2-1-1 所示。

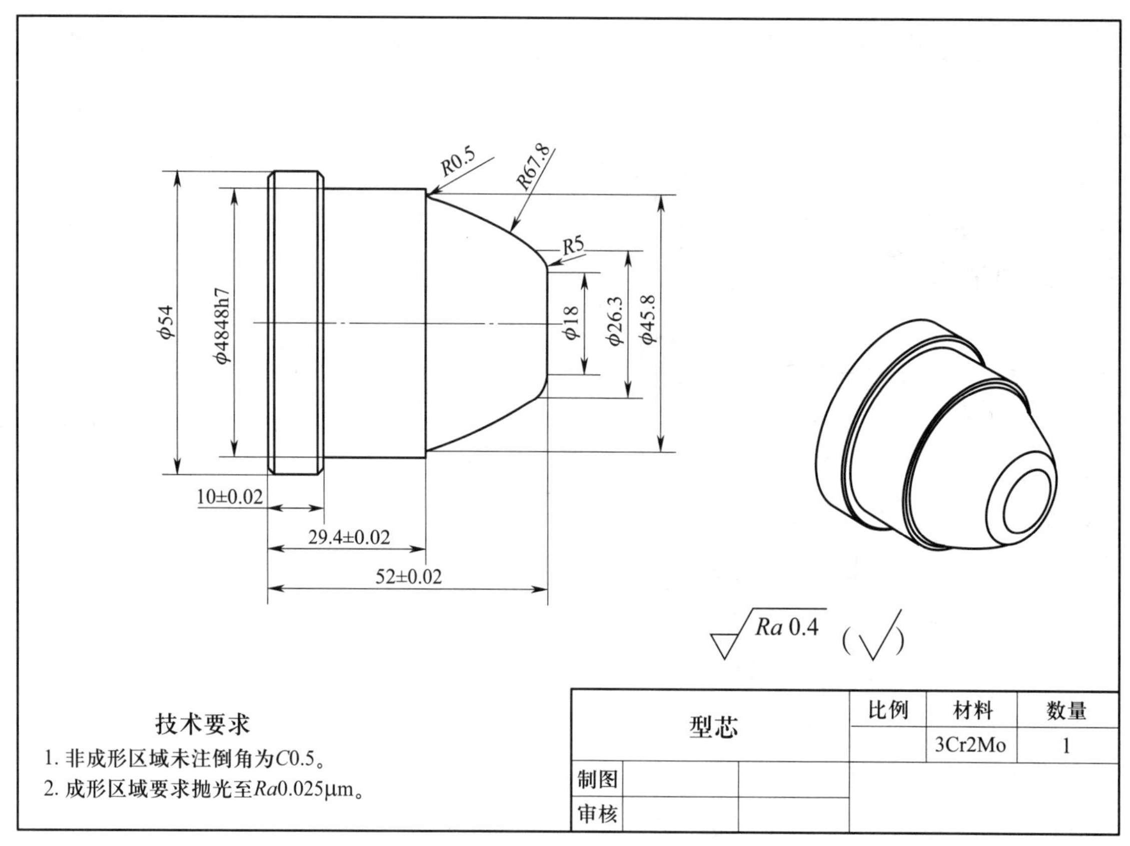

图 2-1-1　型芯零件图

杯子型芯生产任务单见表 2-1-1。

表 2-1-1　杯子型芯生产任务单

单　　号：________________　　开单时间：____年____月____日____时

开单部门：________________　　开 单 人：________________

接 单 人：______部______组______　　签　　名：________________

以下由开单人填写			
产品名称	材料	数量	技术标准和质量要求
杯子型芯			按图样要求
任务细则	1．到仓库领取相应的材料 2．根据现场情况选用合适的工具、量具和设备 3．根据加工工艺进行加工，交付检验 4．填写生产任务单，清理工作场地，完成工具、量具、设备的维护与保养		
任务类型		完成工时	

续表

<table>
<tr><td>领取材料</td><td></td><td rowspan="2">仓库管理员（签名）

年　月　日</td></tr>
<tr><td>领取工具和量具</td><td></td></tr>
<tr><td>完成质量
（小组评价）</td><td></td><td>班组长（签名）

年　月　日</td></tr>
<tr><td>用户意见
（教师评价）</td><td></td><td>用户（签名）

年　月　日</td></tr>
<tr><td>改进措施
（反馈改良）</td><td colspan="2"></td></tr>
</table>

注：生产任务单与零件图样、工艺卡一起领取。

学习活动1　杯子型芯加工准备

学习目标

1. 能按照规定领取杯子型芯零件生产任务单及零件图。

2. 能借助切削手册等查阅杯子型芯零件所用材料的牌号、用途、性能等。

3. 能识读杯子型芯零件图，并说出杯子型芯零件的形状精度、尺寸精度、表面粗糙度、材料等信息，指出各信息的含义。

4. 能正确认识数控车床车削加工的主要对象。

5. 能清楚了解车削刀具的相关知识。

建议学时　12学时。

学习过程

一、阅读生产任务单，明确任务内容

1．请根据生产任务单，明确零件名称、材料、数量和完成时间。

零件名称________________；材　　料________________；

数　　量________________；完成时间________________。

2．查阅资料完成以下内容的填写工作。

（1）查阅资料或咨询教师，明确杯子型芯的用途。

（2）用于制作杯子型芯的材料应具有怎样的性能才能满足杯子型芯的功能要求?

二、零件图分析

1．分析零件图样（见图 2–1–1），写出零件加工技术要求。

2．请将杯子型芯的主要加工尺寸和表面质量要求填入表 2–1–2 中。

表 2–1–2　　杯子型芯的主要加工尺寸和表面质量要求

序号	项目与技术要求	公差等级或偏差范围
1		
2		
3		
4		
5		
6		
7		
8		
9		
10		
11		
12		

三、数控车床基本知识

根据所学的知识，查阅机床知识相关资料，填写以下内容:

1．选用数控车床加工的原则

（1）____内容应作为优先选择内容。

（2）____内容应作为重点选择内容。

（3）____内容可在数控机床存在富余加工能力时选择。

2．数控车削加工的主要对象

（1）______________________回转体零件。

（2）_________________________________回转体零件。

（3）_____________________________的零件。

（4）______________________回转体零件。

3．不宜进行数控车削加工的情况

（1）_____________________________。如以毛坯的粗基准定位加工第一个精基准，需采用专用工艺装备的内容。

（2）____。不能在一次安装中加工完成的其他零星部位，采用数控加工很麻烦，效果不明显，可安排用普通机床进行加工。

（3）____
______________________。主要原因是获取数据困难，易与检验依据发生矛盾，增加了程序编制的难度。

（4）必须采用专用工艺装备加工的孔及其他加工内容。

四、刀具材料

1．刀具切削部分的材料应具备的性能

（1）___________。常温硬度在 60HRC 以上。

（2）_____________________________。抗弯强度足够，抵抗冲击振动的韧性足够。

（3）_______________。抵抗磨损能力强，保持切削刃锋利。

（4）_______________。高温下保持高的硬度。

（5）______________________。便于刀具的制造和热处理。

2．常用刀具材料的种类

（1）碳素工具钢

碳素工具钢的含碳量为 0.7% ~ 1.3%，硬度为 61 ~ 65HRC，热硬性为 200 ~ 250 ℃，速度为 0.1 ~ 0.2 m/s。淬火后易变形和开裂，适用于制作简单、低速的手工工具，如锉刀、锯条、刮刀等。常用牌号有 T10A、T12A 等。

（2）低合金刀具钢

在碳素工具钢中加入适量的铬（Cr）、钨（W）、锰（Mn）、硅（Si）等合金元素，提高材料的热硬性、耐磨性和韧性。常用于制造形状较复杂、低速加工和要求热处理变形小的刀具，如丝锥、板牙等。常用的牌号有 CrWMn 和 9SiCr 等。

（3）高速钢

高速钢又称白钢、锋钢或风钢，是在钢中加入铬（Cr）、钨（W）、钒（V）、钼（Mo）等合金元素的高合金工具钢。常用于制造各种形状复杂的成形刀具和精加工刀具，如钻头、铰刀、铣刀、拉刀、齿轮刀具等。常用牌号有钨系 W18Cr4V、钼系 W6Mo5Cr4V2 等。

（4）硬质合金

硬质合金是以高硬度难熔金属的碳化物（WC、TiC、TaC、NbC）微米级粉末为主要成分，以钴（Co）或镍（Ni）为金属黏结剂高压成形后，在真空炉或氢气还原炉中烧结而成的粉末冶金制品。常用于制造结构较简单的刀具，如车刀、端铣刀、刨刀等。根据国际标准化组织 ISO 分类可分为钨钴类（K 类）、钨钛钴类（P 类）、钨钛钽铌钴类（M 类）。

（5）超硬刀具材料

超硬刀具材料包括________________、__________________和__________、__________、________________等。超硬刀具主要是以金刚石和立方氮化硼为材料制作的刀具，其中以聚晶金刚石（PCD）刀具和立方氮化硼复合片（PCBN）刀具占主导地位。

（6）陶瓷

陶瓷主要由纯 Al_2O_3 或在 Al_2O_3 中加入一定的金属元素或金属化合物，采用热压成形和烧结的方法获得。主要用于冷硬铸铁、高硬钢和高强钢等难加工材料的半精加工和精加工。

（7）立方氮化硼（CBN）

立方氮化硼是在高温、高压下制成的一种新型超硬刀具材料，硬度达 7 000 ~ 8 000HV，耐磨性好，热硬性达 1 200 ℃，在 1 200 ~ 1 300 ℃高温下不与铁发生化学反应，它的切削速度比硬质合金高 4 ~ 6 倍。主要用于淬硬钢、耐磨铸铁、高温合金等难加工材料的半精加工和精加工。

（8）涂层刀具材料

涂层刀具材料是在硬质合金或高速钢的基体上，涂一层几微米（5 ~ 12 μm）厚的高硬度、高耐磨性的金属化合物（TiC、TiN 等）构成的。涂层硬质合金刀具的耐用度比无涂层的提高 1 ~ 3 倍，涂层高速钢刀具的耐用度比无涂层的提高 2 ~ 10 倍。国内涂层硬质合金刀片牌号有 CN、CA、YB 等。

学习活动 2　杯子型芯加工工艺分析及计划制订

学习目标

1. 能正确描述车削刀具的几何角度。
2. 能根据不同的加工材料选择合适的刀具材料。
3. 能掌握刀具几何角度的选择原则。
4. 能正确叙述加工工序的划分方法。
5. 能根据数控工艺规程编制简单的加工工艺卡。
6. 能根据所学过的知识正确制定杯子型芯零件工艺卡，明确加工步骤。

建议学时　6 学时。

学习过程

一、刀具的相关知识

根据所学知识完成以下题目：

1．车刀的组成

车刀由__________和__________组成。刀柄是刀具的夹持部分，刀头是刀具的切削部分。刀头上的切削部分由“三面、两刃、一尖”（即前面、主后面、副后面、主切削刃、副切削刃、刀尖）组成，如图 2–1–2 所示。

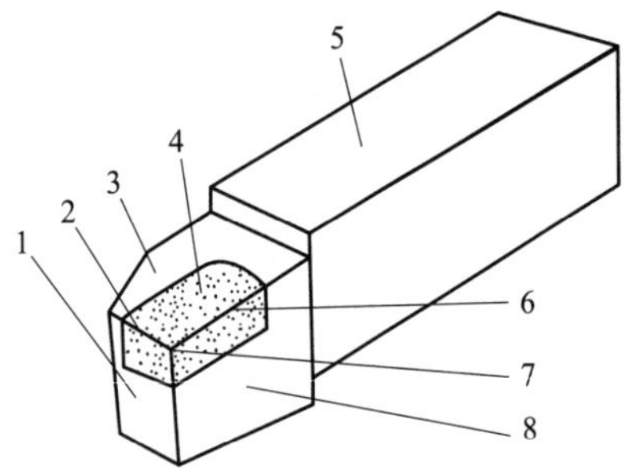

图 2–1–2　车刀的组成
1—副后面　2—副切削刃　3—刀头　4—前面　5—刀柄　6—主切削刃　7—刀尖　8—主后面

所有车刀的切削部分都有上述组成部分，但数量并不一样。如典型的外圆车刀由三个刀面、两条刃和一个刀尖组成，如图 2–1–3a、b 所示；45° 车刀则由四个刀面（两个副后面）、三条刃和两个刀尖组成，如图 2–1–3c 所示。

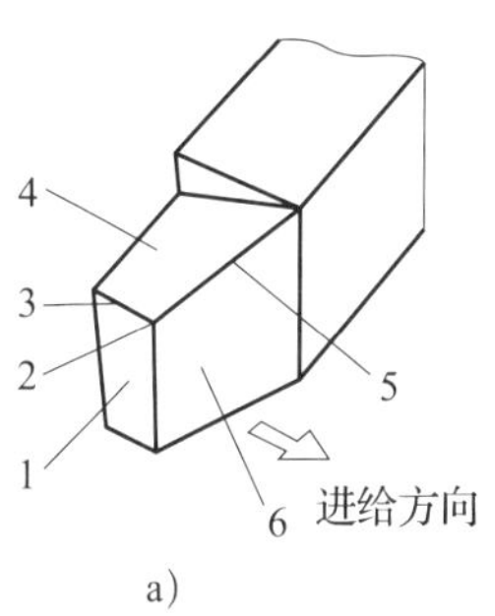

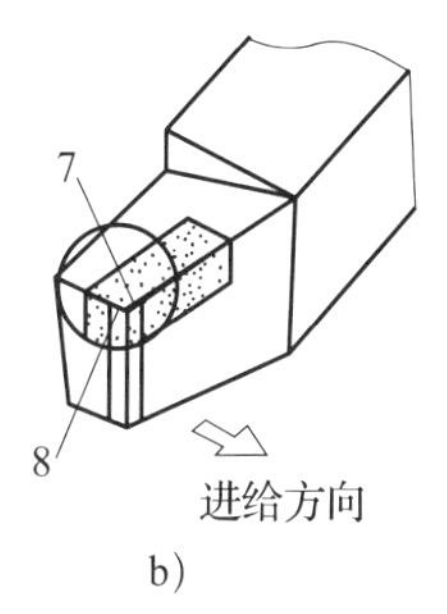

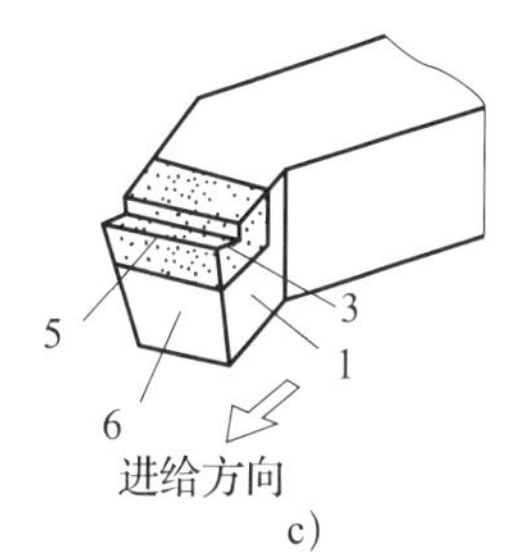

图 2–1–3　各种车刀切削部分

a）高速钢 75° 车刀　b）硬质合金 75° 车刀　c）硬质合金 45° 车刀

1—副后面　2—刀尖　3—副切削刃　4—前面　5—主切削刃　6—主后面　7—过渡刃　8—修光刃

2．刀具的坐标平面

在刀具静止参考系中，坐标平面有三个，即基面（p_r）、切削平面（p_s）和正交平面（p_o），如图 2–1–4 所示。

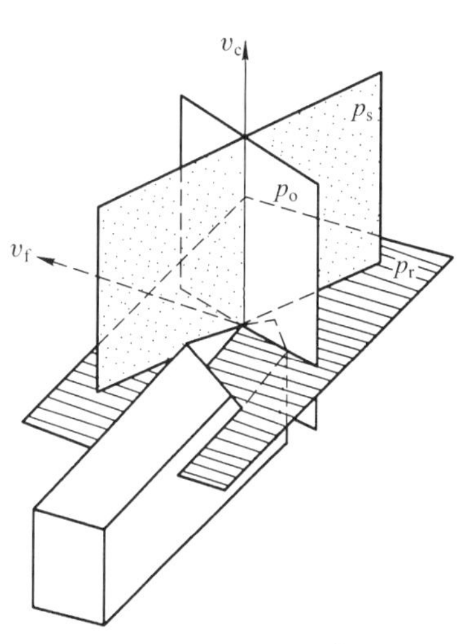

图 2–1–4　刀具静止参考系

（1）基面（p_r）

基面是指通过切削刃上选定点，并与该点切削速度（v_c）方向相垂直的平面。

（2）切削平面（p_s）

切削平面是指通过切削刃上选定点，与主切削刃相切并垂直于基面的平面。

（3）正交平面（p_o）

正交平面（又称主剖面）是指通过切削刃上选定点，并同时垂直于基面和切削平面的平面。

3．刀具角度的标注

（1）在正交平面（p_o）内测量的角度

1）前角（γ_o）。在正交平面内前面与基面之间的夹角称为前角。当前面与切削平面之间的夹角小于 90° 时，前角为正值；该夹角大于 90° 时，前角为负值；当前面与基面重合时，前角为零，如图 2–1–5 所示。

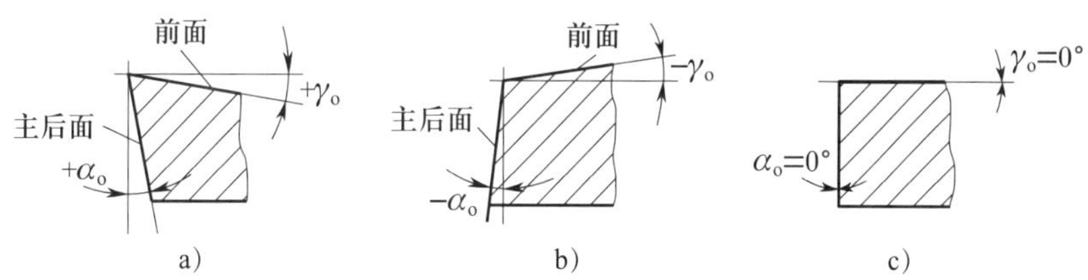

图 2–1–5　前角和主后角正负值的规定

2）主后角（α_o）。在正交平面内主后面与切削平面之间的夹角称为主后角。当主后面与基面之间的夹角小于 90° 时，主后角为正值；该夹角大于 90° 时，主后角为负值；当后面与切削平面重合时，主后角为零，如图 2–1–5 所示。

（2）在基面（p_r）内测量的角度

1）主偏角（κ_r）。在基面内，主切削刃在基面上的投影与进给方向之间的夹角称为主偏角。

2）副偏角（κ_r'）。在基面内，副切削刃在基面上的投影与背离进给方向之间的夹角称为副偏角。

车刀切削部分几何角度的标注如图 2–1–6 所示。

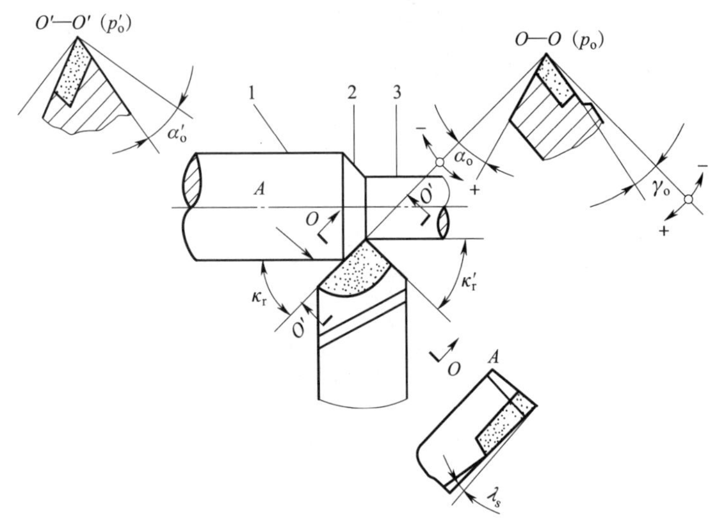

图 2–1–6　车刀切削部分几何角度的标注

1—待加工表面　2—过渡表面　3—已加工表面

（3）在切削平面（p_s）内测量的角度

在切削平面内，主切削刃与基面之间的夹角称为刃倾角（λ_s）。当刀尖位于主切削刃上最高点时，刃倾角为正值；当刀尖位于主切削刃上最低点时，刃倾角为负值；当主切削刃与基面重合时，刃倾角为零。

4．刀具安装位置对刀具工作角度的影响

（1）刀尖安装高低对工作前角和工作后角的影响（见图 2–1–7）

外圆车刀刀尖安装偏高，工作前角增大，工作后角减小；外圆车刀刀尖安装偏低，工作前角减小，工作后角增大。内孔车刀刀尖安装偏高，工作前角减小，工作后角增大；内孔车刀刀尖安装偏低，工作前角增大，工作后后角减小。

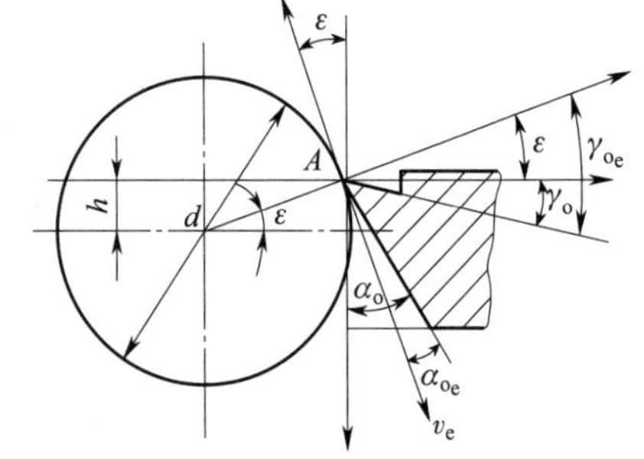

图 2–1–7　刀尖安装高低对工作前角和工作后角的影响

（2）刀柄安装情况对工作主偏角和工作副偏角的影响（见图 2–1–8）

若刀柄中心线与进给运动方向不垂直，工作主偏角与工作副偏角会发生变化。当刀柄垂直安装时，工作主偏角和工作副偏角与实际角度相同；当刀柄右倾安装时，工作主偏角增大，工作副偏角减小；当刀柄左倾安装时，工作主偏角减小，工作副偏角增大。

5．刀具几何角度的选择原则

刀具合理几何角度是指在保证加工质量的条件下，获得最高耐用度的合理几何角度。

（1）前角的选择原则

工件材料强度、硬度较低时，应取较大的前角；反之应取较小的前角。加工塑性材料时，应取较大的前角；加工脆性材料时，应取较小的前角。

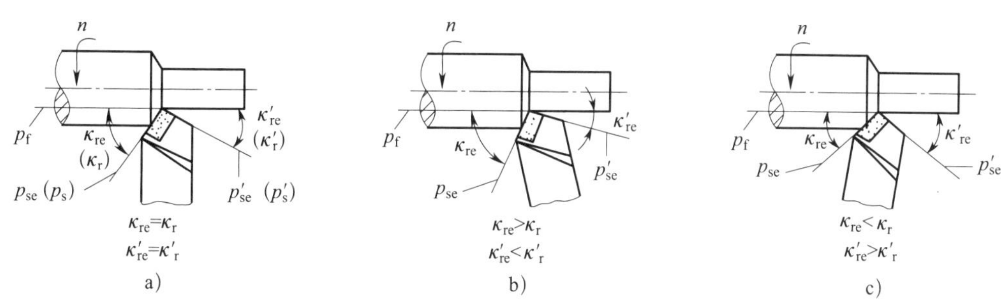

图 2-1-8　刀柄安装情况对工作主偏角和工作副偏角的影响

a）刀柄垂直安装　b）刀柄右倾安装　c）刀柄左倾安装

刀具材料韧性好时，如高速钢刀具应取较大的前角；反之，硬质合金刀具应取较小的前角。粗加工时，取较小的前角；精加工时，取较大的前角。

（2）后角的选择原则

工件材料强度、硬度较高时，应取较小的后角；反之应取较大的后角。

刀具材料的抗弯强度较高，韧性较好时，应取较大的后角。陶瓷刀具抗弯强度较低，韧性较差，故其后角应小一些。

粗加工或断续切削时，应取较小的后角；精加工或连续切削时，应取较大的后角。当切削厚度很小时，宜取较大的后角；当切削厚度很大时，后角要取小些。

当工艺系统刚度较低，容易出现振动时，应适当减小后角。

（3）主偏角的选择原则（见图 2-1-9）

工艺系统刚度较高时，主偏角可取小值，以提高刀具的耐用度；当工艺系统刚度较低或强力切削时，应取较大的主偏角，以减小背向力 F_p。一般取主偏角 κ_r=60° ~ 75°，车细长轴时，常取 $\kappa_r \geq 90°$。

车削细长轴时，为了减小径向力，可取 κ_r=90° ~ 93°；车削台阶轴时，可取 κ_r=90°；用一把车刀车削外圆、端面和倒角时，可取 κ_r= 45° ~ 60°；车削盲孔时，可取 κ_r > 90°。

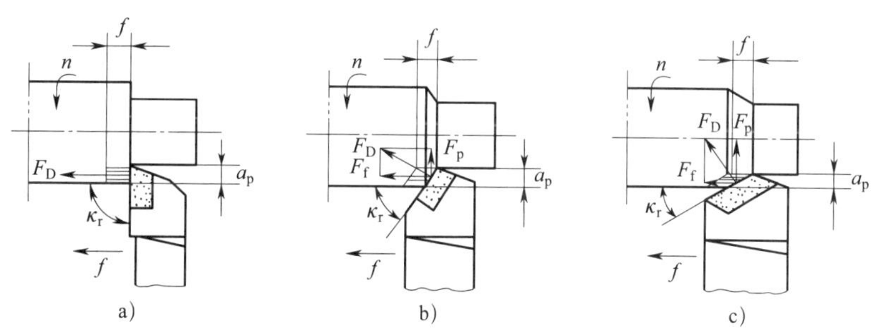

图 2-1-9　刀具主偏角对切削的影响

a）κ_r =90°　b）κ_r= 60°　c）κ_r= 30°

（4）副偏角的选择原则

副偏角的选择原则是在不引起振动的条件下选取较小的角度值。不同加工条件下常用的主偏角和副偏角的范围见表 2-1-3。

表 2-1-3　　不同加工条件下常用的主偏角和副偏角的范围

加工条件	工艺系统刚度足够，加工淬硬钢、冷硬铸铁	工艺系统刚度较高，可中间切入，加工外圆、端面、倒角	工艺系统刚度较低，粗车、强力车削	工艺系统刚度低，加工台阶轴、细长轴或进行多刀车、仿形车	切断、车槽
主偏角 κ_r	10° ~ 30°	45°	60° ~ 70°	75° ~ 93°	≥ 90°
副偏角 κ'_r	5° ~ 10°	45°	10° ~ 15°	6° ~ 10°	1° ~ 2°

（5）刃倾角的选择原则

粗加工时，一般取 λ_s=0° ~ -5°；精加工时，为使切屑不流向已加工表面，选择 λ_s=0° ~ 5°；

微量切削时，λ_s 取大值（λ_s=45° ~ 75°），使刀具实际刃口圆弧半径减小；工艺系统刚度低时，λ_s > 0°，减小背向力 F_p；加工余量不均匀或在其他产生冲击振动的切削条件下，应选取绝对值较大的负刃倾角。不同加工条件下刃倾角的参考值见表 2-1-4。

表 2-1-4　　不同加工条件下刃倾角的参考值

加工条件	精车钢，车细长轴	精车有色金属	粗车钢和灰铸铁	粗车余量不均匀钢	断续车削钢、灰铸铁	带冲击车削淬硬钢	大刃倾角刀具薄切削
λ_s 值	0° ~ 5°	5° ~ 10°	0° ~ -5°	-5° ~ -10°	-10° ~ -15°	-10° ~ -45°	-45° ~ -75°

二、制定加工工艺

各小组分析、讨论并制定杯子型芯零件的加工工艺。

根据加工要求，考虑现场的实际条件，小组成员共同分析、讨论并确定合理的计划，填写在表 2-1-5 的杯子型芯加工工艺卡中。

表 2-1-5　　杯子型芯加工工艺卡

<table>
<tr><td colspan="3" rowspan="2">（单位名称）</td><td rowspan="2">加工工艺卡</td><td>产品名称</td><td colspan="2">杯子型芯</td><td colspan="2">图号</td><td colspan="2"></td></tr>
<tr><td>零件名称</td><td colspan="2"></td><td colspan="2">数量</td><td></td><td>第　页</td></tr>
<tr><td colspan="2">材料种类</td><td>3Cr2Mo</td><td>材料成分</td><td></td><td colspan="2">毛坯尺寸</td><td colspan="3"></td><td>共　页</td></tr>
<tr><td rowspan="2">工序</td><td rowspan="2">工步</td><td rowspan="2">工序名称</td><td colspan="2" rowspan="2">工序内容</td><td rowspan="2">车间</td><td rowspan="2">设备</td><td colspan="2">工具</td><td rowspan="2">计划工时</td><td rowspan="2">实际工时</td></tr>
<tr><td>量具、刀具</td><td>辅具</td></tr>
<tr><td>1</td><td></td><td></td><td colspan="2"></td><td></td><td></td><td></td><td></td><td></td><td></td></tr>
<tr><td>2</td><td></td><td></td><td colspan="2"></td><td></td><td></td><td></td><td></td><td></td><td></td></tr>
<tr><td>3</td><td></td><td></td><td colspan="2"></td><td></td><td></td><td></td><td></td><td></td><td></td></tr>
<tr><td>4</td><td></td><td></td><td colspan="2"></td><td></td><td></td><td></td><td></td><td></td><td></td></tr>
<tr><td>5</td><td></td><td></td><td colspan="2"></td><td></td><td></td><td></td><td></td><td></td><td></td></tr>
<tr><td>6</td><td></td><td></td><td colspan="2"></td><td></td><td></td><td></td><td></td><td></td><td></td></tr>
</table>

续表

工序	工步	工序名称	工序内容	车间	设备	工具		计划工时	实际工时
						量具、刀具	辅具		
7									
8									
9									
更改号				拟定		校正	审核	批准	
更改者									
日　期									

三、制订工作计划

根据杯子型芯加工工艺卡，制订杯子型芯加工工作计划，见表 2-1-6。

表 2-1-6　　杯子型芯加工工作计划

序号	开始时间	结束时间	工作内容	工作要求	备注
1					
2					
3					
4					
5					
6					
7					

学习活动3　杯子型芯加工

1. 能按杯子型芯的加工要求制定加工工步，列举零件加工过程中的关键要求。

2. 能在教师指导下编制杯子型芯的加工程序，选择合理的切削用量进行零件加工。

3. 能独立、熟练仿真加工杯子型芯零件，并根据仿真结果修订加工程序。

4. 能掌握金属切削相关知识并在实际加工中较好应用。

5. 能熟练进行杯子型芯零件加工程序自动空运行，并判断程序和加工工艺是否合理，处理操作过程中简单的报警信息。

建议学时　30学时。

学习过程

一、加工准备

1．熟悉工作环境

了解数控车间内工作区的范围和限制，了解企业对环境、安全、卫生和事故预防的标准。

2．领取工具、量具、刀具

领取工具、量具、刀具，并填写表2-1-7的清单。

表 2-1-7　　工具、量具、刀具清单

序号	名称	规格	数量	备注
1				
2				
3				
4				
5				
6				
7				
8				
9				
10				

3．领取毛坯

领取毛坯，测量并记录所领毛坯的实际外形尺寸，判断毛坯是否有足够的加工余量。

4．选择切削液

根据加工对象及所用刀具，选择本学习活动所用的切削液。

二、加工过程

1．开机准备

（1）做好开机前的各项常规检查工作。

（2）启动机床操作流程符合规范。

（3）机床各坐标轴回参考点。

（4）输入数控加工程序并进行校验。

2．简述工件装夹的注意事项。

3．简述在数控车床上刀具的安装步骤。

4．简述试切法对刀的操作步骤。

5．自动加工

（1）加工过程中注意观察刀具切削情况，记录加工中不合理的地方并及时纠正，提高工作效率。实际加工中，切削速度可以根据实际情况通过倍率开关进行调整。简述倍率开关的作用。

（2）粗加工完毕，精确测量加工尺寸，根据测量结果修改参数后再进行精加工。若加工尺寸偏大，应如何修整?

6．在开启数控机床前后必须进行哪些检查？

7．请根据杯子型芯的加工流程和存在的问题填写表 2–1–8。

表 2–1–8　　杯子型芯加工流程

序号	程序名称	加工方式	加工参数	装刀长度	尺寸精度	工步时间	加工过程存在问题	备注（余量）
1			刀具： 转速： 切削速度（F）：					
2			刀具： 转速： 切削速度（F）：					
3			刀具： 转速： 切削速度（F）：					
4			刀具： 转速： 切削速度（F）：					
5			刀具： 转速： 切削速度（F）：					
6			刀具： 转速： 切削速度（F）：					
7			刀具： 转速： 切削速度（F）：					
8			刀具： 转速： 切削速度（F）：					
9			刀具： 转速： 切削速度（F）：					
10			刀具： 转速： 切削速度（F）：					

8．杯子型芯加工刀具路径见表 2–1–9。

编程顺序包括外圆粗车、端面精车、外圆精车、掉头端面精车。

表 2–1–9　　杯子型芯加工刀具路径

序号	加工图示	编程路径图示	仿真图示	加工参数设置（参考）
1		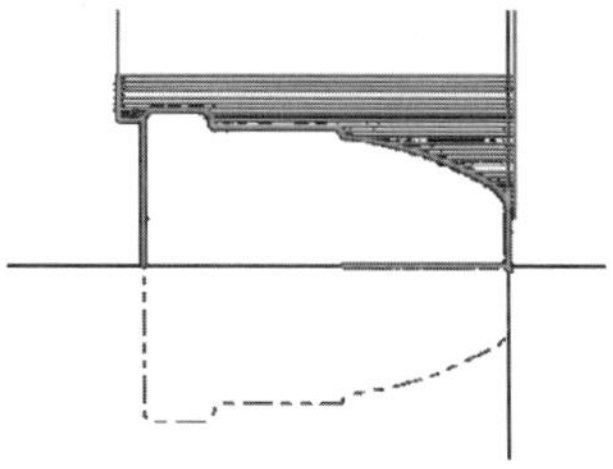	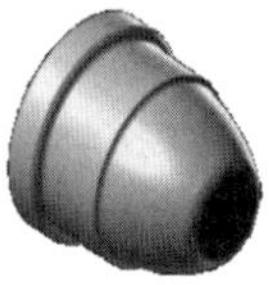	外圆粗车： 刀具：外圆车刀 转速：1 200 r/min 进给量：0.2 mm/r
2	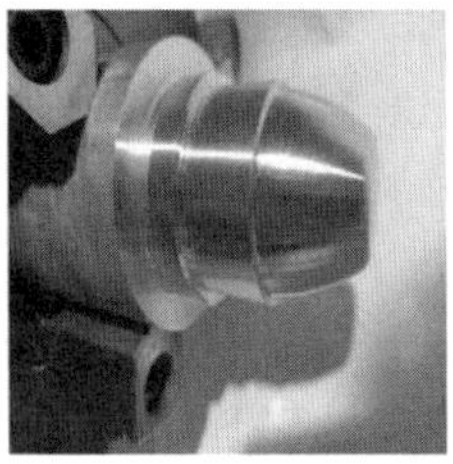	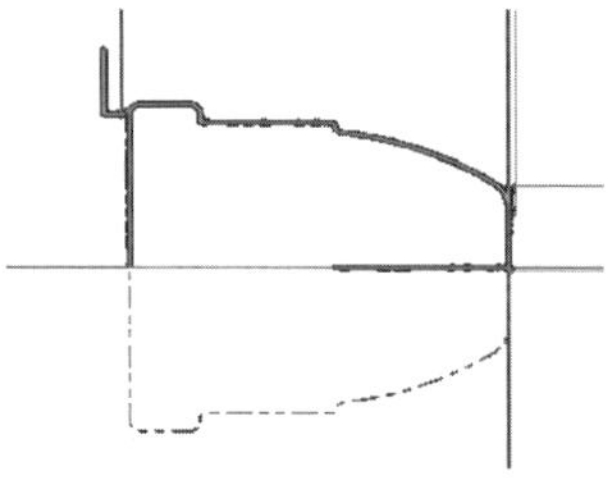	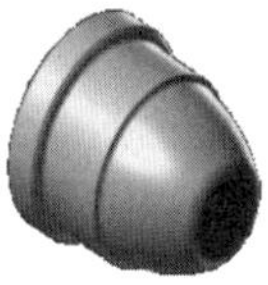	端面精车： 刀具：外圆车刀 转速：2 000 r/min 进给量：0.08 mm/r
3	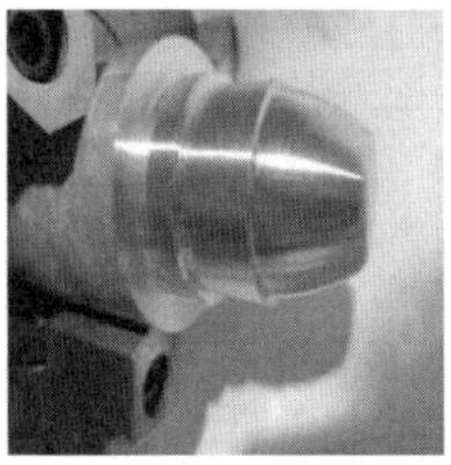	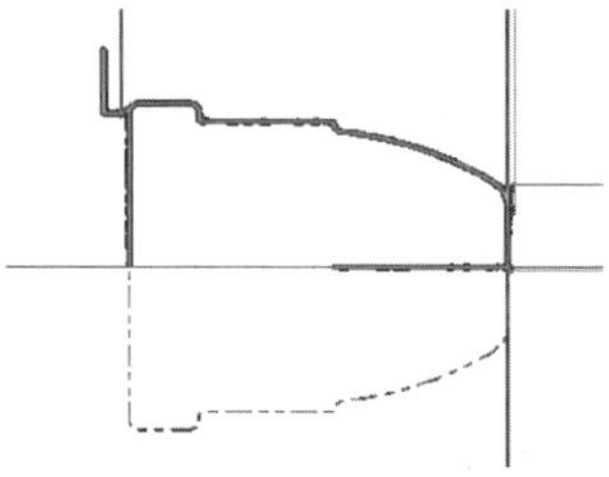	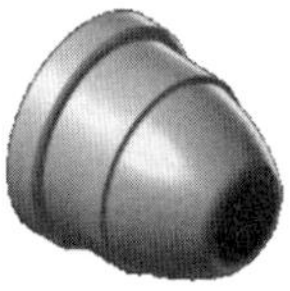	外圆精车： 刀具：外圆车刀 转速：2 000 r/min 进给量：0.08 mm/r
4	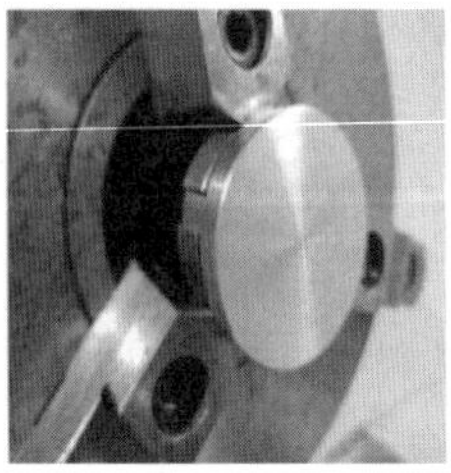	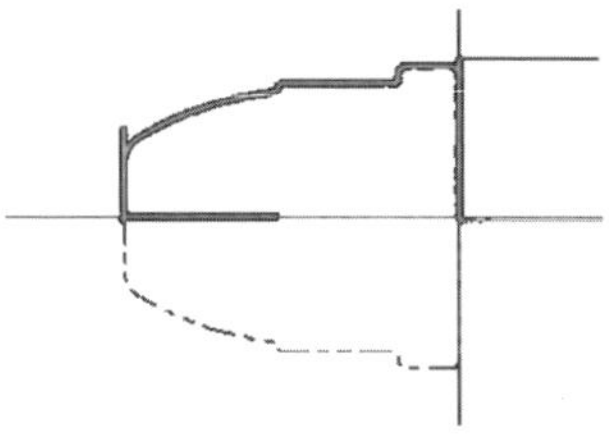		掉头端面精车： 刀具：外圆车刀 转速：2 000 r/min 进给量：0.08 mm/r

（1）工件的装夹方式是____。

（2）将数控加工工序填入表 2–1–10 中。

表 2-1-10　　数控加工工序卡

工步号	工步内容	刀具	切削用量		
			背吃刀量 / mm	主轴转速 / （r/min）	进给速度 / （mm/r）
1					
2					
3					
4					

9．根据加工要求，考虑现场的实际条件，各小组成员共同分析、讨论并确定合理的加工工艺计划，填入表 2-1-11 中。

表 2-1-11　　加工工艺计划

序号	图示	加工内容	尺寸精度	注意事项	备注
1					
2					
3					
4					
5					
6					
7					
8					
9					
10					

三、机床保养，场地清理

加工完毕，按照车间规定整理现场，清扫切屑，保养机床，并正确处置废油液等废弃物。按车间规定填写交接班记录（见附表 1）和设备日常保养记录卡（见附表 2）。

四、金属切削相关知识

查阅相关资料，填出下列所缺内容。

1．切屑形成过程

切屑形成过程的力学模型分为____________、____________、________，如图 2-1-10 所示。

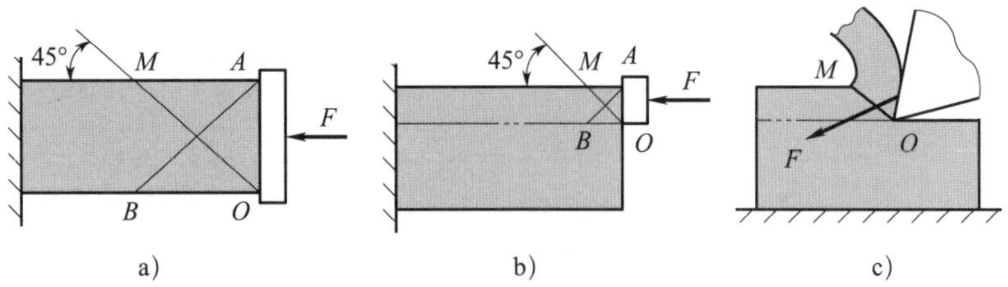

图 2-1-10　切屑形成过程的力学模型

a）正挤压　b）偏挤压　c）切削

2．金属切削过程的实质

金属切削过程的实质是金属切削层在刀具的挤压作用下产生剪切滑移变形的过程。金属切削层可分为____________________、____________________、____________________三个变形区，如图 2-1-11 所示。

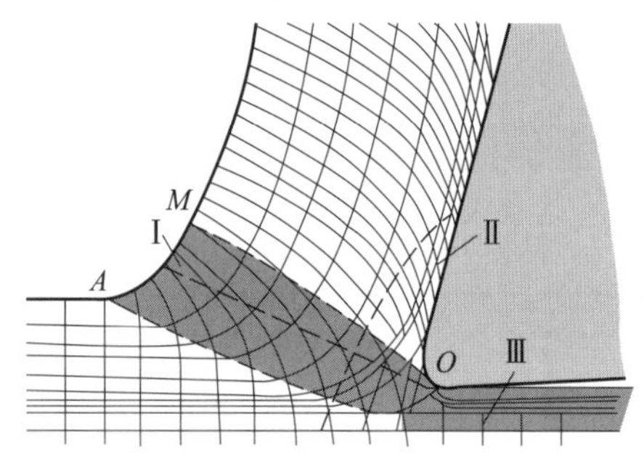

图 2-1-11　金属切削层

Ⅰ—剪切滑移变形区　Ⅱ—切屑形成区

Ⅲ—已加工表面形成区

剪切滑移变形区：$OA \sim OM$ 间的区域为剪切滑移变形区。主要特征是产生剪切面的滑移变形，是__________和__________的主要来源。

切屑形成区：切屑底层与刀具前面之间摩擦变形区。主要特征是影响切削变形和积屑瘤的生成。

已加工表面形成区：已加工表面与刀具后面间挤压、摩擦变形区。主要特征是产生工件表面加工硬化，影响工件表面的____________及____________。

3．积屑瘤

（1）用中等的切削速度切削塑性材料时，有时会发现一小块呈三角形或鼻状的金属块牢固地黏附在刀具的前面上，这一小块金属就是积屑瘤，如图 2-1-12 所示。

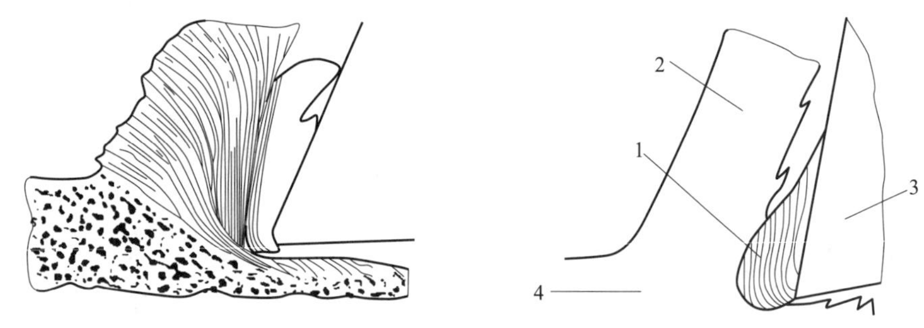

图 2-1-12　积屑瘤

1—积屑瘤　2—切屑　3—刀具　4—工件

（2）影响积屑瘤形成的主要因素是工件材料、切削速度、切削厚度、刀具前角和切削液等。其中工件材料是前提条件，而切削速度对产生积屑瘤的影响最大。

（3）积屑瘤对加工的影响

有利之处：增大实际前角，使切削轻快；可代替切削刃进行切削，能提高刀具耐用度，保护刀具。

不利之处：产生过切及犁沟，影响尺寸精度；不断产生、成长、脱落，切入深度不断变化，易引起振动，表面粗糙度值变大。

工艺要求：粗加工，希望产生积屑瘤；精加工，应尽量避免产生积屑瘤。

（4）防止积屑瘤产生的主要措施

1）提高工件材料硬度，使工件材料硬度达到 50HRC 以上。

2）降低或提高切削速度，使温度降低到不易产生黏结现象或使温度高于积屑瘤消失的极限温度。

3）增大刀具前角，减小刀具与切屑接触面的压力。

4）使用润滑性好的切削液，降低刀具与切屑接触面的摩擦因数。

4．切屑的种类

切削的过程是切削层的金属受到刀具前面的推挤后产生弹性变形，随着切应力、切应变逐渐增大，达到其屈服强度时，产生塑性变形而滑移，刀具继续切入时，材料内部的应力、应变继续增大，当切应力达到其断裂强度时，金属材料被挤裂，沿刀具前面流出，最终形成切屑。

（1）按形态不同切屑分为带状切屑、节状切屑、粒状切屑、崩碎切屑，如图 2–1–13 所示。

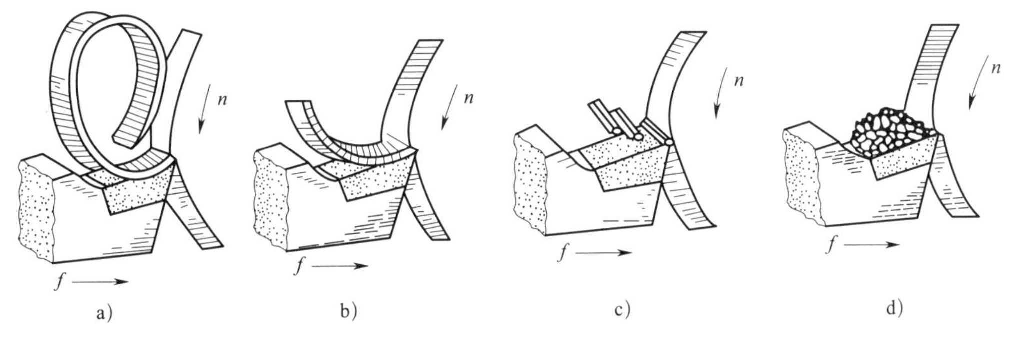

图 2–1–13　切屑的形态

a）带状切屑　b）节状切屑　c）粒状切屑　d）崩碎切屑

分析四个形态的切屑产生条件和特征，填写表 2–1–12。

表 2–1–12　各形态的切屑产生条件和特征

切屑类型	工件材料	刀具前角	切削速度	进给量和背吃刀量	切削力	表面质量
带状切屑	塑性好	大	高	小	较平稳，波动小	光洁
节状切屑	中等硬度（中碳钢）	小	较低	较大	有波动	粗糙
粒状切屑	中等硬度（中碳钢）	再减小	再降低	最大	波动较大	更粗糙
崩碎切屑	脆性材料（铸铁）				波动大，振动	

（2）按形状不同切屑分为__________、__________、__________、__________、__________、__________、宝塔状卷屑等，如图 2–1–14 所示。

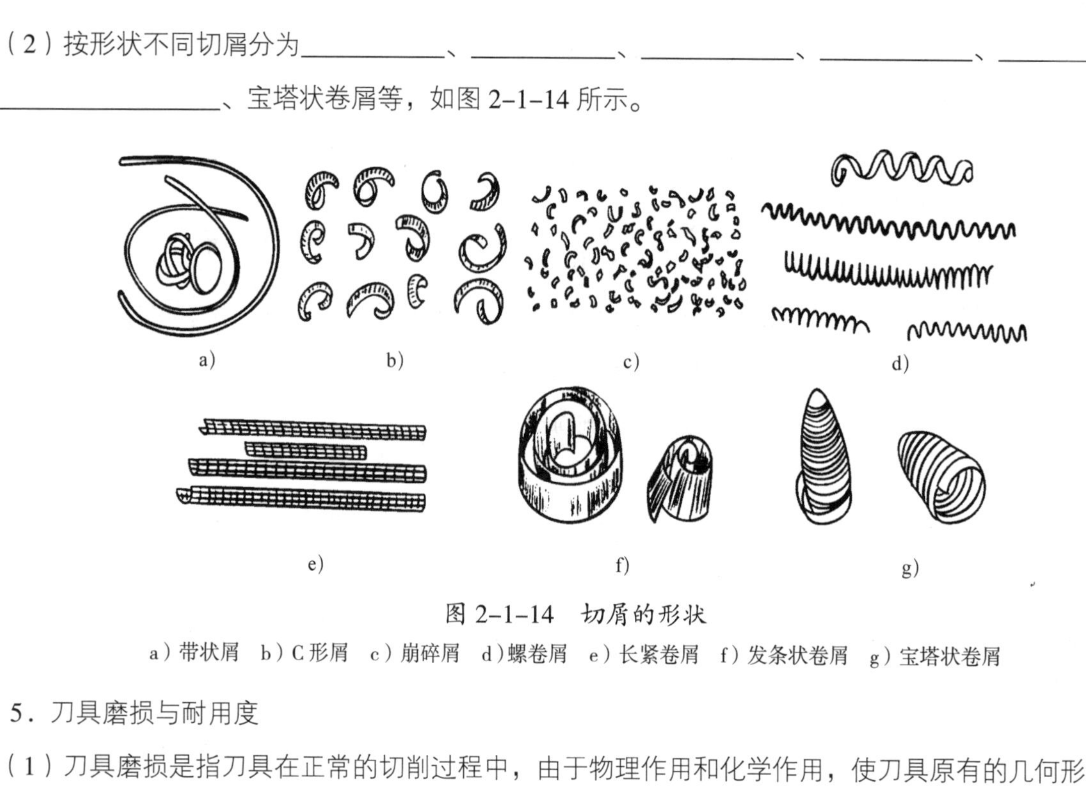

图 2–1–14　切屑的形状

a）带状屑　b）C 形屑　c）崩碎屑　d）螺卷屑　e）长紧卷屑　f）发条状卷屑　g）宝塔状卷屑

5．刀具磨损与耐用度

（1）刀具磨损是指刀具在正常的切削过程中，由于物理作用和化学作用，使刀具原有的几何形状遭到破坏，导致刀具的切削性能逐渐下降，最后完全丧失切削能力。刀具磨损的形式可分为__________、__________、__________三种。

（2）刀具磨损的类型有磨粒磨损、黏结磨损、扩散磨损、相变磨损、氧化磨损。在低、中速切削时，将主要产生磨粒磨损和黏结磨损（如拉削、铰孔和攻螺纹等刀具磨损）；在中等速度以上切削时，热效应使高速钢刀具产生相变磨损，使硬质合金刀具产生黏结磨损、扩散磨损和氧化磨损等。

（3）刀具磨损过程分为__________、__________、__________，如图 2–1–15 所示。

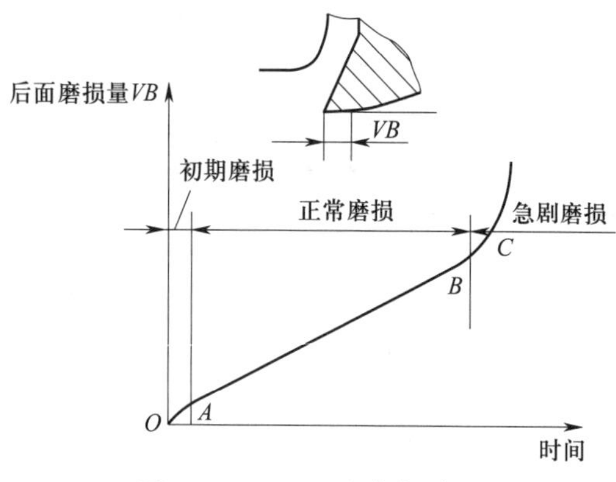

图 2–1–15　刀具磨损过程

6．切削液的作用、分类及选用

（1）切削液的作用有__________、__________、__________、__________。

（2）切削液分为__________、__________。

（3）切削液要根据__________、__________、__________进行选用。

世赛小知识

世界技能大赛竞赛规则规定了适用范围和基本原则、组织（大赛组织者的职责、持续时间、技能的种类、技术说明、测验项目）、相关各方（参赛者、每一种技能的最少参赛人数要求、评委会主席和评委）、比赛（注册、评估、世界技能大赛的奖杯和奖章、公共关系、秘书处、职责、质量管理系统、试验项目）、纪律处罚程序（原则、程序、原告与被告、过程）等，并附录了参赛选手指导手册、评委会主席与评委会职责、首席专家职责、专家职责、工作场地监督员（现场监督员）职责、引入示范性技能的指导原则、首席专家和副首席专家的选举过程、试验项目、世界技能测试项目设计和管理的道德标准、保密和专业协议、笔译员和口译员行为规则等文件。

1．举办模式

每两年举办一届，各成员国提前两届向组委会提出申请，以投票形式选出获举办权的成员国。

2．参赛要求

（1）世界技能组织成员国选手。

（2）大部分个人赛选手年龄不得超过 22 周岁，团队赛选手年龄不得超过 25 周岁。

（3）每位选手只能参加一次世界技能大赛。

3．比赛项目

（1）艺术创作与时装。

（2）建筑与工艺技术。

（3）信息与通信技术。

（4）社会与私人服务。

（5）制造与工程技术。

（6）运输与物流。

学习活动4　杯子型芯产品检测

1. 能正确使用游标卡尺、深度游标卡尺、千分尺、表面粗糙度样板等对杯子型芯进行检测，并准确记录检测结果。

2. 能写出产品质量检验过程及结果。

3. 能正确、规范地撰写总结。

4. 能对常用手工工具进行维护与保养。

5. 能根据现场管理规范要求，清理场地，归置物品，并按环保要求处理废弃物。

建议学时　6学时。

一、领取检测用量具

1．杯子型芯需要检测哪些要素?

2．根据检测要素，列出零件在检测过程中要用到的量具，将其规格（精度）及检测内容填入表 2–1–13 中。

表 2–1–13 杯子型芯检测用量具及检测内容

序号	量具名称	量具规格（精度）	检测内容
1			
2			
3			
4			
5			

二、检测杯子型芯产品，填写质量检验单

1．按表 2–1–14 检验所加工的杯子型芯是否合格。

表 2–1–14 杯子型芯评分标准

序号	项目与技术要求	评分项目	评分标准	配分	自检	互检	用三坐标测量仪检测数值	得分
1	零件正面尺寸	（10 ± 0.02）mm	超差不得分	12				
2		（29.4 ± 0.02）mm	超差不得分	12				
3		（52 ± 0.02）mm	超差不得分	12				
4		ϕ54 mm	超差不得分	12				
5		ϕ48h7	超差不得分	12				
6	表面质量	$Ra \leqslant 0.4$ μm（三处）	超差不得分	15				
7	倒角	一处未加工扣 2 分，一处锐边未倒钝扣 2 分		4				
8	职业素养	工具、量具、刀具分区摆放		3				
9		工具摆放整齐、规范且不重叠		3				
10		量具摆放整齐、规范且不重叠		3				
11		刀具摆放整齐、规范且不重叠		3				
12		工作服、工作帽、工作鞋穿戴规范		3				
13		加工后清理现场		3				
14		现场操作表现		3				
15	其他项目	未注尺寸公差按 GB/T 1804—m		扣分不超过 10 分				
16		工件必须完整，局部无缺陷（夹伤等）						
总分				100				

2．交检验人员验收合格后（以三坐标测量仪检测为准），填写生产任务单。

3．清理现场，归置物品

（1）良好的工作习惯是在工作过程中有意识地养成的，这一点对于一名具有良好职业素养的高技能人才而言尤其重要。在每天的学习及实训工作中，你是如何做好整理工作台、合理及整齐放置工具和量具、日常维护及保养设备等工作的?

（2）本学习任务所用量具的日常维护与保养各包括哪些工作?

学习活动5　杯子型芯产品总结与展示

学习目标

1. 能自信地展示自己的产品，讲述自己产品的优势和特点。
2. 能倾听别人对自己产品的点评。
3. 能听取别人的建议并对产品加工工艺加以改进。
4. 能采用多种形式进行成果展示。
5. 能正确对其他小组的产品进行评价，并提出建议。

建议学时　6学时。

学习过程

通过小组的展示，采用对小组进行评价和对个人进行评价两种评价方式，其中小组评价采用小组自评、小组互评、教师评价三种方式进行评价。

一、小组展示评价要求

各小组展示制作好的工件，并由小组推荐代表做必要的介绍。在展示过程中，以组为单位进行评价，其他组对展示小组的成果进行相应的评价，展示小组同时也接受其他组的提问，并做出回答，提问小组事先要为所提问题提供一个参考答案。

展示内容要体现本组加工工艺、分工情况、产品完成情况、能否按期交付及小组成员的合作情况，小组展示可通过PPT、图片、海报、录像等形式，时间控制在10 min内。

二、各小组根据要求填写以下内容

1．写出本产品在加工过程中存在的问题和待改进的地方。

2. 从自己的角度出发写出小组成果展示方案。

3. 如何更好地展示出本组加工的产品？通过小组讨论定出方案。

三、相关评价表格

1．小组自评表（见表 2-1-15）

表 2-1-15　　＿＿＿＿班＿＿＿＿小组自评表

评价内容	评价标准				配分	得分
	10 ~ 8	8 ~ 6	6 ~ 3	3 ~ 0		
1. 加工产品是否符合技术要求	合格	不良	返修	报废	10	
2. 与其他组相比，你认为本小组的安全防护如何	优	合理	一般	差	10	
3. 本小组介绍成果表达是否清晰	良好	一般	差		10	
4. 本小组成员的基本操作方法是否正确	正确	部分正确	不正确		10	
5. 本小组进行演示操作时是否遵循了“6S”的工作要求	符合工作要求	忽略部分要求	完全没有遵循		10	
6. 本小组成员的团队合作精神与创新精神如何	良好	一般	较差		10	
7. 总结本小组这次学习任务是否达到学习目标？对本小组的建议是什么					40	
总分					100	

小组长签名：　　　　　　　　　　　　　　　　　　年　　月　　日

2．小组互评表（见表 2-1-16）

表 2-1-16　　＿＿＿＿班＿＿＿＿小组互评表

评价内容	评价标准				配分	得分
	10 ~ 8	8 ~ 6	6 ~ 3	3 ~ 0		
1. 该小组加工产品是否符合技术标准	合格	不良	返修	报废	10	
2. 与其他组相比，你认为该小组的安全防护如何	优	合理	一般	差	10	

续表

评价内容	评价标准				配分	得分
	10 ~ 8	8 ~ 6	6 ~ 3	3 ~ 0		
3．该小组介绍成果表达是否清晰	良好	一般	差		10	
4．该小组进行演示时基本操作方法是否正确	正确	部分正确	不正确		10	
5．该小组进行演示操作时是否遵循了“6S”的工作要求	符合工作要求	忽略部分要求	完全没有遵循		10	
6．该小组成员的团队合作精神与创新精神如何	良好	一般	较差		10	
7．总结该小组这次学习任务是否达到学习目标？对该小组的建议是什么					40	
总分					100	

小组长签名：　　　　　　　　　　　　　　　　　　　　年　　月　　日

四、教师对展示的情况分别做评价

1．找出各组的优点进行点评。

2．对展示过程中各组的缺点进行点评，并提出改进方法。

3．总结整个学习任务完成过程中出现的亮点和不足。

五、小组总体评价

小组总体评价表见表 2–1–17。

表 2–1–17　　　　　　　　____班____小组总体评价表

评价内容	配分	得分	签名
小组自评（10%）	10		
小组互评（20%）	20		
教师评价（70%）	70		
教师对小组总体评价			
总分	100		

任课教师签名：　　　　　　　　　　　　　　　　　年　　月　　日

六、关键能力评价

1．自我评价表（见表 2–1–18）

表 2–1–18　　　　　　　　____自我评价表

评价内容	评价标准	努力方向或建议
1．你负责的部分任务完成情况是否正常	正常 □ 不正常 □ 基本正常 □	
2．你觉得自己在小组中发挥了什么作用	主导作用 □ 配合作用 □ 旁观者作用 □	
3．你对本学习任务的学习是否满意？与小组内的其他同学合作是否愉快	很好 □ 一般 □ 不太满意 □	

续表

评价内容	评价标准	努力方向或建议
4. 完成本学习任务后，你学会使用哪些资源查找相关的资料	课本□ 教师□ 手册□ 计算机□ 其他□（可多选）	
5. 通过完成本学习任务，你对本项目内容有一个初步的认识吗？哪些方面还有待进一步改善	完全掌握 □ 大部分掌握 □ 掌握一点 □ 没有 □	
6. 完成工作页的质量	独立完成 □ 依靠别人帮助 □	
7. 在完成本学习任务的过程中你是否遇到过困难？遇到过哪些困难？你是怎样解决的		

本人签名：　　　　　　　　　　　　　　　　　　　　　　　　　　年　　月　　日

2．个人总体评价表（见表 2-1-19）

表 2-1-19　　　　　　　＿＿＿＿＿班＿＿＿＿＿同学总体评价表

<table>
<tr><th>评价内容</th><th>项目</th><th>配分</th><th>自我评价</th><th>小组评价</th><th>教师评价</th><th>综合评价</th></tr>
<tr><td rowspan="3">专业能力</td><td>机床保养</td><td>20</td><td></td><td></td><td></td><td rowspan="3"></td></tr>
<tr><td>基本操作</td><td>15</td><td></td><td></td><td></td></tr>
<tr><td>安全文明生产</td><td>15</td><td></td><td></td><td></td></tr>
<tr><td rowspan="3">社会能力</td><td>出勤、纪律、态度</td><td>8</td><td colspan="2" rowspan="4">教师评价</td><td></td><td rowspan="3"></td></tr>
<tr><td>讨论、互动、协作精神</td><td>10</td><td></td></tr>
<tr><td>表达、会话</td><td>8</td><td></td></tr>
<tr><td>方法能力</td><td>学习能力、收集和处理信息能力、创新精神</td><td>24</td><td></td><td></td></tr>
<tr><td>总分</td><td></td><td>100</td><td colspan="4"></td></tr>
</table>

教师签名：　　　　　　　　　　　　　　　　　　　　　　　　　　年　　月　　日

学习任务二　杯子型腔加工

学习目标

1. 能借助零件的轴测图精准分析三视图，并表述出零件的形状精度、尺寸精度、表面粗糙度等信息，指出各信息的含义。

2. 能熟练操作数控机床对杯子型腔进行加工。

3. 能正确、熟练制定杯子型腔加工工艺。

4. 能严格遵守数控车床的安全操作规程。

5. 能根据杯子型腔零件图，运用 Mastercam 软件规划刀具路径。

建议学时

60 学时。

学习任务描述

某企业需生产 20 套模具，委托我校数控车项目组利用现有设备完成 20 件杯子型腔的加工任务，生产周期为 10 天，要求项目组在 10 天内完成该批零件的加工，并经检验合格后交付企业使用。

学习工作流程

学习活动 1　杯子型腔加工准备

学习活动 2　杯子型腔加工工艺分析及计划制订

学习活动 3　杯子型腔加工

学习活动 4　杯子型腔产品检测

学习活动 5　杯子型腔产品总结与展示

型腔零件图如图 2-2-1 所示。

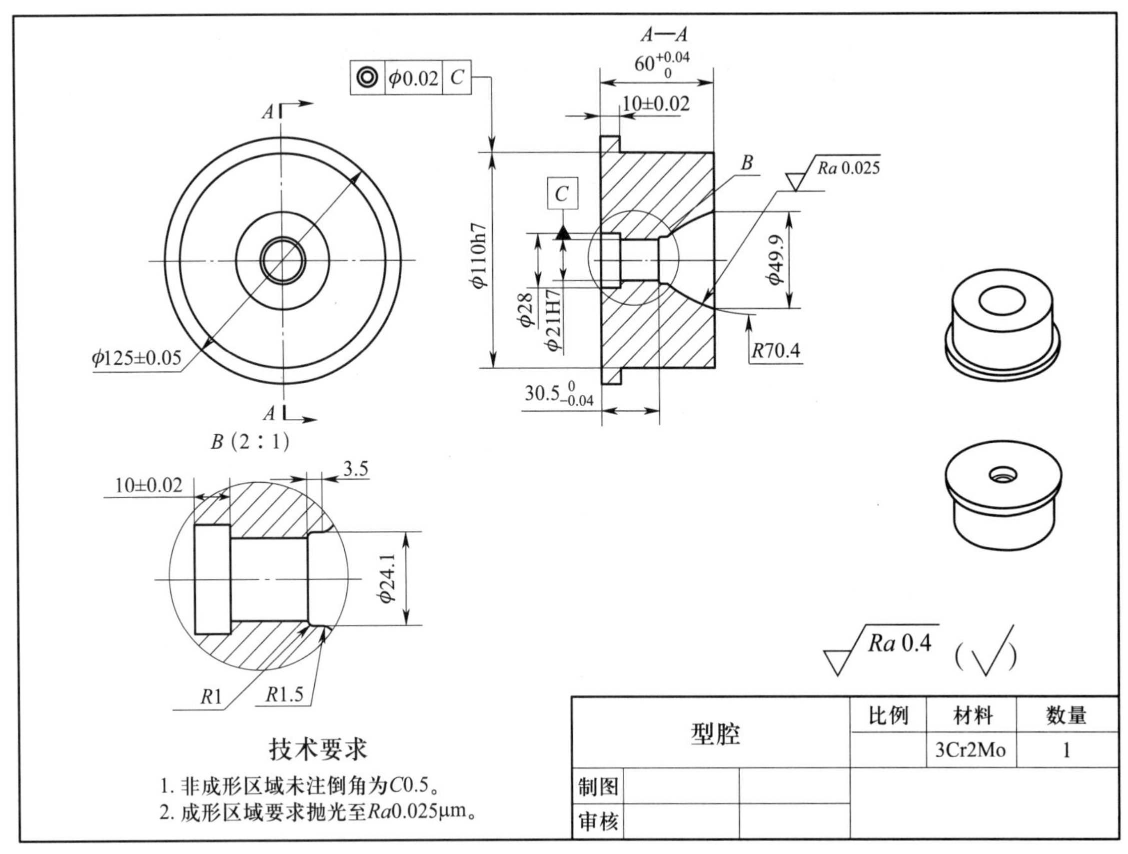

图 2-2-1　型腔零件图

杯子型腔生产任务单见表 2-2-1。

表 2-2-1　　杯子型腔生产任务单

单　　号：________________　　开单时间：_____年_____月_____日_____时

开单部门：________________　　开 单 人：________________

接 单 人：______部______组______　　签　　名：________________

以下由开单人填写			
产品名称	材料	数量	技术标准和质量要求
杯子型腔			按图样要求
任务细则	1. 到仓库领取相应的材料 2. 根据现场情况选用合适的工具、量具和设备 3. 根据加工工艺进行加工，交付检验 4. 填写生产任务单，清理工作场地，完成工具、量具、设备的维护与保养		
任务类型		完成工时	

续表

领取材料		仓库管理员（签名） 年　月　日
领取工具和量具		
完成质量 （小组评价）		班组长（签名） 年　月　日
用户意见 （教师评价）		用户（签名） 年　月　日
改进措施 （反馈改良）		

注：生产任务单与零件图样、工艺卡一起领取。

学习活动 1　杯子型腔加工准备

学习目标

1. 能了解数控加工中内孔车刀的种类。
2. 能掌握内孔加工工艺。
3. 能掌握编制内孔加工程序的方法。
4. 能掌握孔加工的关键技术。
5. 能清楚了解数控机床加工指令的相关知识。

建议学时　12 学时。

学习过程

一、阅读生产任务单，明确任务

1．请根据生产任务单，明确零件名称、材料、数量和完成时间。

零件名称____________________；材　　料____________________；

数　　量____________________；完成时间____________________。

2．查阅资料完成以下内容的填写工作。

（1）查阅资料或咨询教师，明确杯子型腔的用途。

（2）用于制作杯子型腔的材料应具有怎样的性能才能满足杯子型腔的功能要求?

二、零件图分析

1．分析零件图样（见图 2–2–1），写出零件加工技术要求。

2．请将杯子型腔的主要加工尺寸、几何公差和表面质量要求填入表 2–2–2 中。

表 2–2–2　　杯子型腔的主要加工尺寸、几何公差和表面质量要求

序号	项目与技术要求	公差等级或偏差范围
1		
2		
3		
4		
5		
6		
7		
8		
9		
10		
11		

三、内孔车刀相关知识

根据所学的知识，填写以下内容：

1．内孔车刀的种类

（1）内孔车刀如图 2–2–2 所示，内孔加工方式如图 2–2–3 所示。

图 2–2–2　内孔车刀

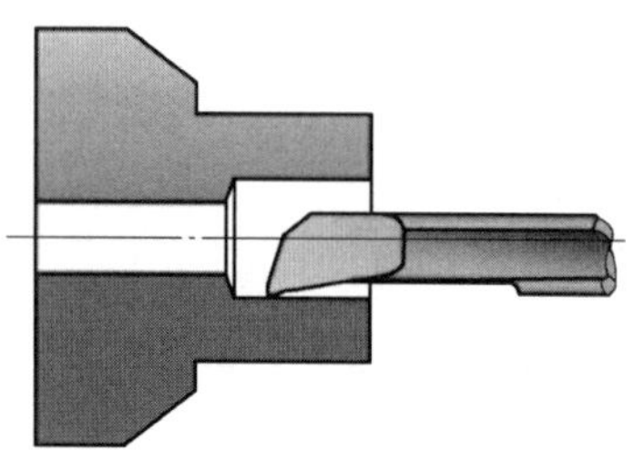

图 2–2–3　内孔加工方式

根据图 2–2–4 所示，填写内孔车刀及其他车刀类型的名称。

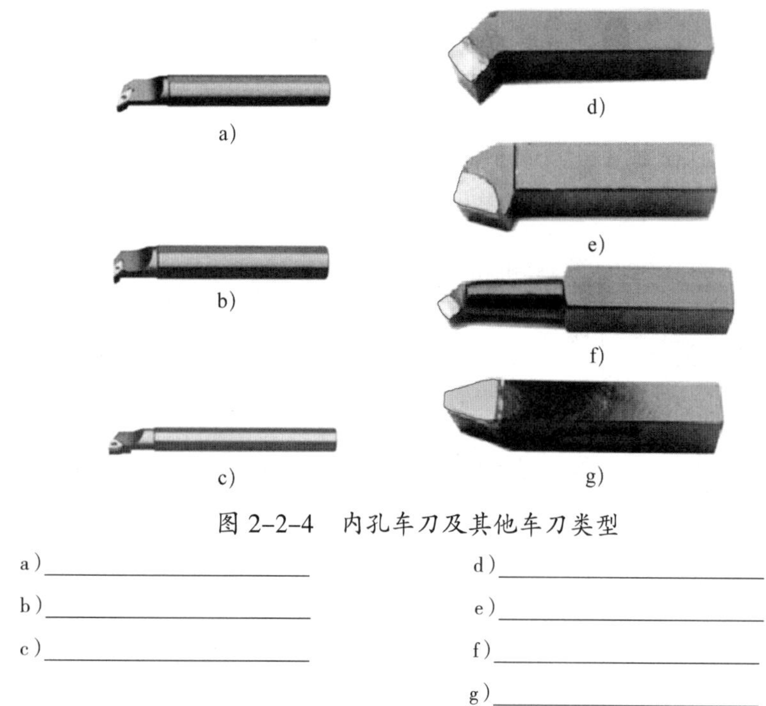

图 2–2–4　内孔车刀及其他车刀类型

a）____________________　　d）____________________

b）____________________　　e）____________________

c）____________________　　f）____________________

g）____________________

（2）机夹可转位车刀

机夹可转位车刀由四部分组成，如图 2–2–5 所示，刀片每边都有切削刃，当某切削刃磨钝后，只需松开夹紧元件，将刀片转一个位置便可继续使用。请在图下写出各元件的名称。

2．内孔加工工艺

孔加工有两种情况，一种是在实体工件上加工孔，另一种是在有工艺孔的工件上再加工孔。前者一般采用____________________方法加工，后者则可以根据孔加工要求直接进行____________________等加工。

（1）如何钻孔？钻孔时的注意事项是什么？

对于精度要求不高的内孔，可以用________________直接钻出；对于精度要求较高的台阶孔，钻孔后还需________________才能完成。选用麻花钻时，应根据下一道工序的要求留出加工余量，一般比最小的台阶直径________________ mm，麻花钻的长度应使钻头螺旋部分稍长于孔深。

钻孔时的注意事项包括____。

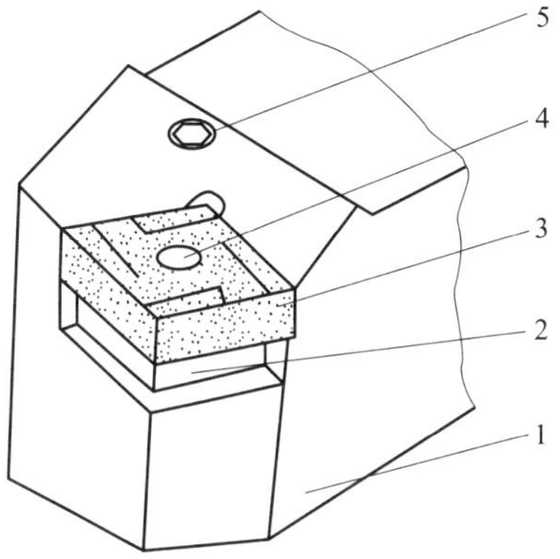

图 2-2-5　机夹可转位车刀

1—____________　2—____________

3—____________　4—____________

5—____________

（2）如何解决孔加工的关键技术问题？车孔时的注意事项是什么？

孔加工的关键技术是________________________问题。

提高内孔车刀刚度的措施包括________________和________________。

解决排屑问题主要是________________流出的方向。车通孔时，可使________________，应采用________________的内孔车刀；车盲孔时，应采用________________，使切屑从孔口排出。

车孔时的注意事项包括____。

学习活动 2　杯子型腔加工工艺分析及计划制订

学习目标

1. 能正确运用螺纹加工指令编写加工程序。
2. 能掌握数控系统的程序结构和编程格式。
3. 能正确编写杯子型腔加工工程序。
4. 能了解数控加工的发展趋势。

建议学时　6 学时。

学习过程

一、螺纹指令的相关知识

根据所学知识完成以下题目：

1．螺纹编程指令

FANUC 0TD 系统的螺纹加工基本指令是____________________，该指令用于螺纹切削加工，按直线方式走刀，通常从粗车到精车需要刀具多次在相似轨迹上进行切削，切削方法如图 2–2–6 所示。

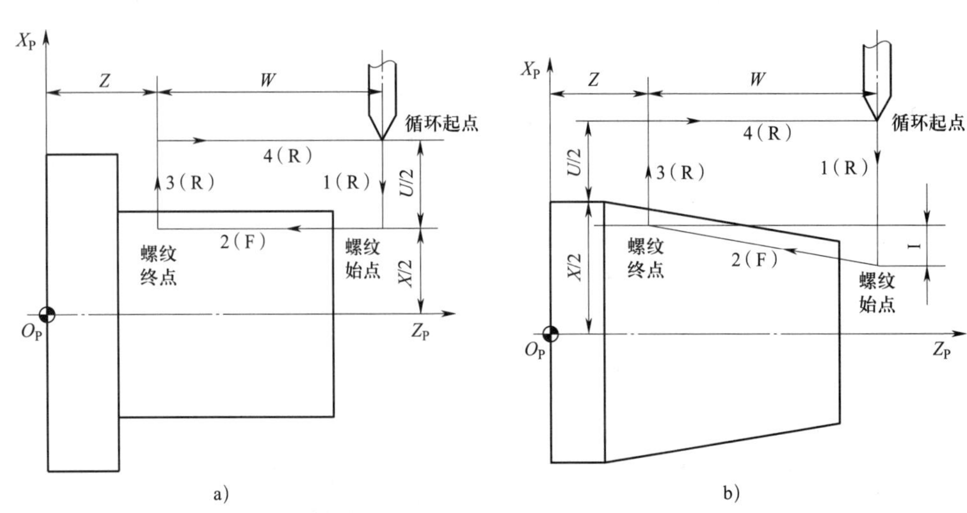

图 2–2–6　螺纹切削加工方法

a）圆柱螺纹切削循环　b）圆锥螺纹切削循环

（1）指令格式：____；

（2）指令含义：

（X，Z）：绝对值编程，指________________________________；

（U，W）：相对值编程，指________________________________；

F：________________________________。

2．运用螺纹编程指令的注意事项

（1）由于数控机床伺服系统滞后，在主轴加速和减速过程中，会在螺纹切削起点和终点产生不正确的导程。因此，在进刀和退刀时要____________________，即螺纹切削的起点与终点位置要在实际螺纹之外。

（2）螺纹车削加工为_________________________车削，且切削进给量较大，刀具强度较低，一般要求______________进给加工，要清楚每一个走刀动作的路径。

（3）由于螺纹切削是从检测主轴上的位置编码器发出运动信号后开始的，因此，无论进行几次螺纹切削，工件圆周上的切削起始点都是__________________，螺纹切削轨迹是相同的。从粗车到精车主轴的转速必须是_________________的。

（4）查阅相关手册，写出螺纹小径的计算公式：

3．螺纹切削循环（用 G92 指令切削螺纹不需要退刀槽）

（1）如图 2-2-7 所示，用下述指令可以进行直螺纹切削循环。

G92 X（U）__ Z（W）__ F__；（公制螺纹）

G92 X（U）__ Z（W）__ I__；（英制螺纹）

注：英制螺纹导程“I”为非模态指令，不能省略。

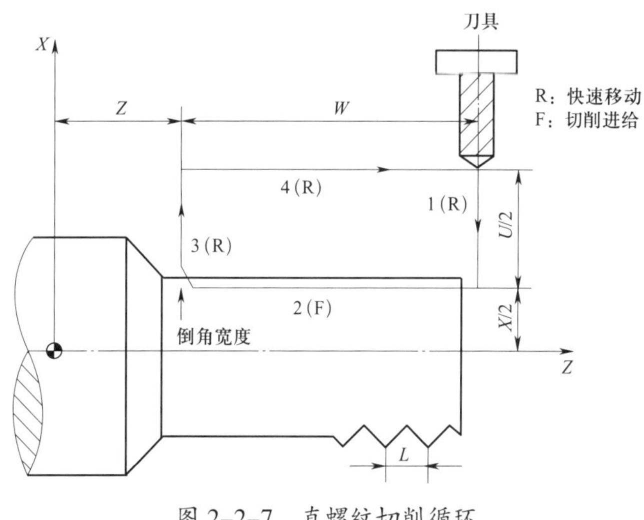

图 2-2-7　直螺纹切削循环

增量值指令的地址 U、W 后续数值的符号根据轨迹 1 和 2 的方向决定。如果轨迹 1 的方向是 *X* 轴的负方向时，则 U 的数值为______________。螺纹导程范围、主轴速度限制等与 G32 指令的螺纹切削相同。单程序段时，1、2、3、4 的动作单段有效。

（2）如图 2-2-8 所示，用下述指令可以进行圆锥螺纹切削循环。

编程格式：____;

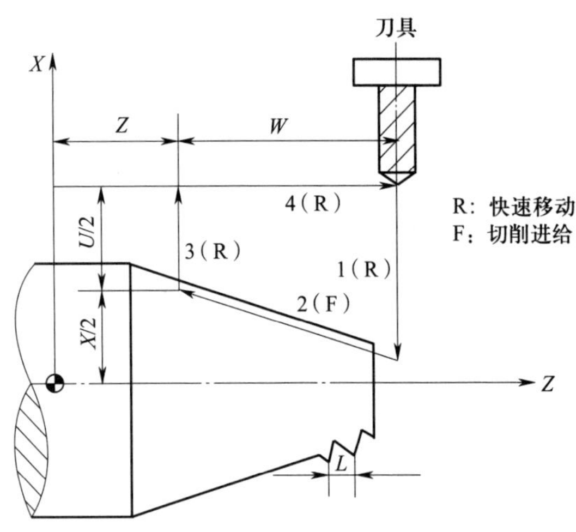

图 2-2-8　圆锥螺纹切削循环

4．案例分析

如图 2-2-9 所示，工件外圆轮廓已经过精加工，试采用 G92 指令编写螺纹加工程序。

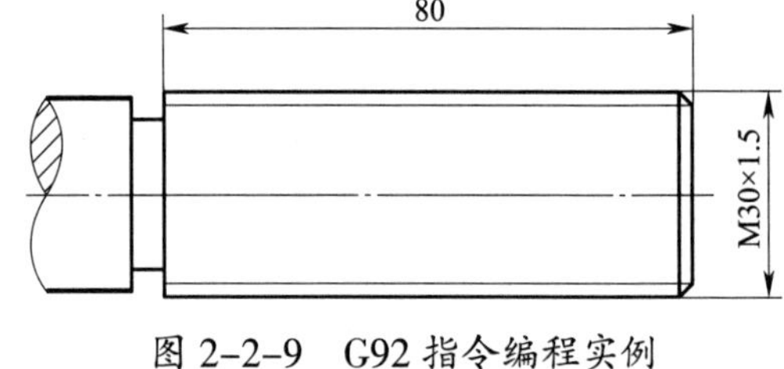

图 2-2-9　G92 指令编程实例

（1）看图分析，回答下列问题：

1）由图可知螺纹的导程为______________mm，螺纹小径为______________mm，设进刀段距离 δ_1=3 mm，退刀段距离 δ_2=2 mm，总共分四次切削。

2）确定以工件________________________建立 *XOZ* 工件坐标系。

（2）制定加工工艺路线：

（3）合理选择切削用量：

二、制定加工工艺

1．工艺规程是什么？一般包括哪些内容？

2．各小组分析、讨论并制定杯子型腔的加工工艺。

根据加工要求，考虑现场的实际条件，小组成员共同分析、讨论并确定合理的计划，填写在表 2–2–3 的杯子型腔加工工艺卡中。

表 2–2–3　　杯子型腔加工工艺卡

<table>
<tr><td colspan="3" rowspan="2">（单位名称）</td><td rowspan="2">加工工艺卡</td><td>产品名称</td><td colspan="2">杯子型腔</td><td colspan="2">图号</td><td colspan="2"></td></tr>
<tr><td>零件名称</td><td colspan="2"></td><td colspan="2">数量</td><td></td><td>第　页</td></tr>
<tr><td colspan="2">材料种类</td><td>3Cr2Mo</td><td>材料成分</td><td></td><td colspan="2">毛坯尺寸</td><td colspan="3"></td><td>共　页</td></tr>
<tr><td rowspan="2">工序</td><td rowspan="2">工步</td><td rowspan="2">工序名称</td><td colspan="2" rowspan="2">工序内容</td><td rowspan="2">车间</td><td rowspan="2">设备</td><td colspan="2">工具</td><td rowspan="2">计划工时</td><td rowspan="2">实际工时</td></tr>
<tr><td>量具、刀具</td><td>辅具</td></tr>
<tr><td>1</td><td></td><td></td><td colspan="2"></td><td></td><td></td><td></td><td></td><td></td><td></td></tr>
<tr><td>2</td><td></td><td></td><td colspan="2"></td><td></td><td></td><td></td><td></td><td></td><td></td></tr>
<tr><td>3</td><td></td><td></td><td colspan="2"></td><td></td><td></td><td></td><td></td><td></td><td></td></tr>
<tr><td>4</td><td></td><td></td><td colspan="2"></td><td></td><td></td><td></td><td></td><td></td><td></td></tr>
<tr><td>5</td><td></td><td></td><td colspan="2"></td><td></td><td></td><td></td><td></td><td></td><td></td></tr>
<tr><td>6</td><td></td><td></td><td colspan="2"></td><td></td><td></td><td></td><td></td><td></td><td></td></tr>
<tr><td>7</td><td></td><td></td><td colspan="2"></td><td></td><td></td><td></td><td></td><td></td><td></td></tr>
<tr><td>8</td><td></td><td></td><td colspan="2"></td><td></td><td></td><td></td><td></td><td></td><td></td></tr>
<tr><td>9</td><td></td><td></td><td colspan="2"></td><td></td><td></td><td></td><td></td><td></td><td></td></tr>
<tr><td>10</td><td></td><td></td><td colspan="2"></td><td></td><td></td><td></td><td></td><td></td><td></td></tr>
<tr><td colspan="3">更改号</td><td colspan="2"></td><td colspan="2">拟定</td><td>校正</td><td>审核</td><td colspan="2">批准</td></tr>
<tr><td colspan="3">更改者</td><td colspan="2"></td><td colspan="2"></td><td></td><td></td><td colspan="2"></td></tr>
<tr><td colspan="3">日　期</td><td colspan="2"></td><td colspan="2"></td><td></td><td></td><td colspan="2"></td></tr>
</table>

三、制订工作计划

根据编制的杯子型腔加工工艺卡，制订杯子型腔加工工作计划，见表 2–2–4。

表 2–2–4　　杯子型腔加工工作计划

序号	开始时间	结束时间	工作内容	工作要求	备注
1					
2					
3					
4					
5					
6					
7					

四、数控加工的发展趋势

21 世纪是知识经济时代，制造业作为我国新世纪的战略产业面临着巨大的挑战且正在经历着深刻的技术变革。在传统制造技术基础之上发展起来的先进制造技术代表了制造技术发展的前沿，对制造业的发展将产生巨大影响。当前先进制造技术的发展有以下特点：

1．信息技术、管理技术与工艺技术紧密结合

随着信息技术向制造技术的注入和融合，促进了制造技术的不断发展。它使制造技术的技术含量提高，使传统制造技术发生质的变化。促进了自动化加工技术的__________和整个制造过程的__________。相继出现的各种先进制造模式，如计算机 / 现代集成制造系统、并行工程、精益生产、敏捷制造、虚拟企业与虚拟制造等，均以信息技术的发展为支撑。

2．计算机辅助设计（computer aided design，CAD）、计算机辅助制造（computer aided manufacturing，CAM）、计算机辅助工程（computer aided engineering，CAE）的应用

制造信息的数字化将实现____________________的一体化，使产品向无图纸制造方向发展。在发达国家的大型企业中，已广泛使用 CAD/CAM，实现 100% 数字化设计。将数字化技术注入产品的设计开发中，提高了企业产品自主开发能力和产品档次，同时也提高了企业对市场的应变能力和快速响应能力。通过局域网实现企业内部并行工程，通过互联网建立跨地区的虚拟企业，实现资源共享，优化配置，也使制造业向互联网辅助制造方向发展。

3．加工制造技术向着超精密、超高速以及发展新一代制造装备的方向发展

（1）超精密加工技术

超精密加工技术是可实现工件的________________低于 0.1 μm 的加工技术。超精密加工技术的加工精度由红外波段向可见光和不可见光的紫外波段趋进，目前加工精度达到 0.025 μm，表面粗糙度 Ra 达到 0.05 μm，已进入________级加工时代。美国为了适应航空、航天等尖端技术的发展，已研制出多种数控超精密加工车床，最大的加工直径可达 1.63 m，定位精度为 28 nm。

（2）超高速切削

机床向高速化方向发展，不但可大幅度提高________，而且还可提高零件的表面质量和加工精度。超高速加工技术对制造业生产有广泛的适用性。

1）实现高速切削。主轴高转速减少了__________，同时采用小的铣削深度铣削，有利于克服机床振动，排屑率大大提高，切削热___________，故传入零件中的热量减少，热变形大大减小，提高了加工精度，也改善了工件表面质量。因此，经过高速加工的工件一般不需要进行精加工。

2）提高主轴转速。采用如图 2-2-10 所示的电主轴（内装主轴电动机），主轴电动机的转子轴就是主轴部件，从而可将主轴转速大大提高。

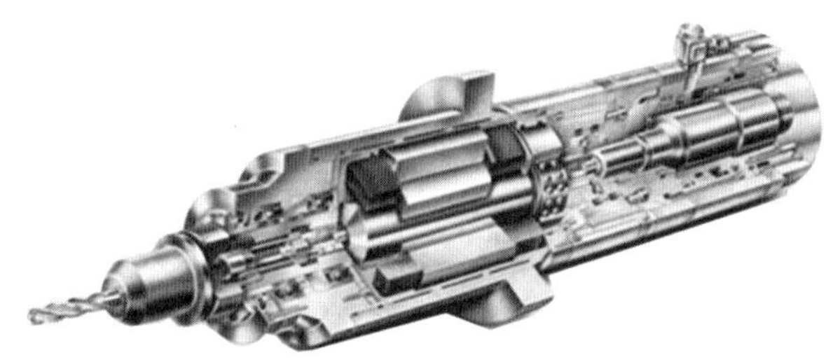

图 2-2-10　电主轴

3）提高工作台快速移动和进给运动速度。采用_____________代替传统的旋转式电动机。目前最高水平的高速加工数控机床在分辨率为 1 μm 时，最大进给速度可达 40 m/min，当程序段设定进给长度大于 1 mm 时，最大进给速度达 80 m/min，并且具有 1.5g 的加速度。主轴最高转速可达 120 000 r/min，换刀时间不到 1 s，工作台交换时间为 6.3 s。

（3）新一代制造装备的发展

市场竞争和新产品、新技术、新材料的发展推动着新型加工设备的研究与开发，例如，____________数控机床（或俗称“六腿”机床）突破了传统机床的结构方案，采用可以伸缩的六个“腿”连接定平台和动平台，每个“腿”均由各自的伺服电动机和精密滚珠丝杠驱动，控制这六条“腿”的伸缩就可以控制装有主轴头的动平台的空间位置和姿势，满足刀具运动轨迹的要求。

4．复合加工

机床高速化主要从______________来提高机床的生产效率，而机床的复合加工则是通过增加机床的功能，减少工件加工过程中的_____________、______________、_____________等辅助工艺时间来提高

机床利用效率的，因此，复合加工是现代化机床发展的另一重要方面。

所谓复合加工技术，就是在一台设备上完成车削、铣削、钻削、镗削、攻螺纹、铰孔、扩孔、铣花键、插齿等多种加工要求。

复合加工有两重含义：一是指________________________，即一台数控机床通过一次装夹可完成多工种、多工序的任务。例如，数控车床向车铣加工中心发展，加工中心则趋向更多功能发展，五轴联动向五面加工发展。如图 2-2-11 所示为车铣加工中心加工实例。二是指______________________，即企业向着复合型发展，定期为用户提供成套服务。例如，机床厂向客户出售数控机床时，不仅只卖数控机床，而且要使整个数控机床生产线的安装、调试到位，并提供配套的切削参数。

图 2-2-11　车铣加工中心加工实例

复合加工进一步提高工序集中度，减少多工序加工零件的装卸料时间；更主要的是可避免或减少工件在不同机床间进行工序转换而增加的工序间输送和等待时间，提高机床利用率。同时，减少了夹具和所需的机床数量，降低了整个加工和机床维护的费用。

5．高可靠性

数控机床的可靠性是____________________________的一项关键性指标。数控机床能否发挥其高性能、高精度、高效率并获得良好的效益，关键取决于____________性。衡量可靠性重要的量化指标是平均无故障时间 MTBF（mean time between failures）。国外数控机床 MTBF 值一般为 700 ～ 800 h，数控系统 MTBF 值已超过 60 000 h。

高可靠性是指________________________________，但也不是可靠性越高越好，仍然要适度可取。因为数控系统是商品，要受性价比的约束。对于每天工作两班的无人企业而言，如果要求在 16 h 内连续工作，无故障率要保证在 99% 以上，则数控机床的平均无故障时间 MTBF 就必须大于 3 000 h。

6．智能化

智能化是 21 世纪制造技术发展的一个大方向。智能加工是一种基于数字化网络技术和理论的加工，它是要在加工过程中模拟人类专家的智能活动，以解决加工过程许多不确定性的、要由人工干预才能解决的问题。

7．交互网络化

支持网络通信协议，既满足单机需要，又能满足柔性制造单元、柔性制造系统、计算机集成制造系统对基层设备集成要求的数控系统，该系统是形成“__________________”的基础单元。

8．驱动并联化

并联结构机床是______________________________相结合的产物。由于它没有传统机床所必需的床身、立柱、导轨等制约机床性能提高的结构，具有现代机器人的模块化程度高、质量轻和速度快等优点。

学习活动 3　杯子型腔加工

学习目标

1. 能按杯子型腔的加工要求制定加工工步，列举零件加工过程中的关键要求。

2. 能正确区分机床坐标系、工件坐标系、编程坐标系的定义和彼此间的关系。

3. 能独立、熟练根据杯子型腔零件图的要求新建、输入、修改和保存程序。

4. 能掌握螺纹切削的基本知识、螺纹相关尺寸的计算公式。

5. 能掌握刀具的选择及螺纹车刀安装要求。

6. 能正确调用杯子型腔加工程序进行自动空运行，并判断程序和加工工艺是否合理。

7. 能在教师指导下处理加工过程中出现的问题，微调加工参数以满足技术要求。

8. 能借助机床说明书等对数控车床进行常规保养及维护，并填写保养记录卡。

建议学时　30 学时。

学习过程

一、加工准备

1．熟悉工作环境

了解数控车间内工作区的范围和限制，了解企业对环境、安全、卫生和事故预防的标准。

2．领取工具、量具、刀具

领取工具、量具、刀具，并填写表 2-2-5 的清单。

表 2-2-5　　工具、量具、刀具清单

序号	名称	规格	数量	备注
1				
2				
3				
4				
5				
6				
7				
8				
9				
10				

3．领取毛坯

领取毛坯，测量并记录所领毛坯的实际外形尺寸，判断毛坯是否有足够的加工余量。

4．选择切削液

根据加工对象及所用刀具，选择本学习活动所用的切削液。

二、加工过程

1．开机准备

（1）做好开机前的各项常规检查工作。

（2）启动机床操作流程符合规范。

（3）机床各坐标轴回参考点。

（4）输入数控加工程序并进行校验。

2．简述工件装夹过程中的注意事项。

3．简述数控刀具的安装步骤。

4．简述对刀操作的主要步骤。通过试切法进行对刀操作。

5．自动加工

（1）加工过程中注意观察刀具切削情况，记录加工中不合理的地方并及时纠正，提高工作效率。实际加工中，切削速度可以根据实际情况通过倍率开关进行调整。简述倍率开关的作用。

（2）粗加工完毕，精确测量加工尺寸，根据测量结果修改参数后再进行精加工。若加工尺寸偏大，应如何修整？

（3）记录在加工中出现的状况，分析后进行处理，根据杯子型腔的加工流程和存在的问题填写表 2-2-6。

表 2-2-6　杯子型腔加工流程

序号	程序名称	加工方式	加工参数	装刀长度	尺寸精度	工步时间	加工过程存在问题	备注（余量）
1			刀具： 转速： 切削速度（F）：					
2			刀具： 转速： 切削速度（F）：					
3			刀具： 转速： 切削速度（F）：					
4			刀具： 转速： 切削速度（F）：					
5			刀具： 转速： 切削速度（F）：					
6			刀具： 转速： 切削速度（F）：					
7			刀具： 转速： 切削速度（F）：					
8			刀具： 转速： 切削速度（F）：					
9			刀具： 转速： 切削速度（F）：					
10			刀具： 转速： 切削速度（F）：					

三、螺纹的相关知识

1．螺纹切削的基本知识

（1）普通外螺纹主要参数如图 2-2-12 所示，请将计算公式填入表 2-2-7 中。

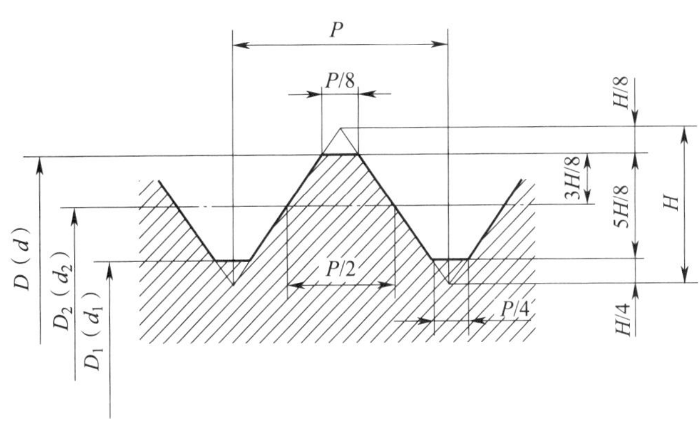

图 2-2-12　普通外螺纹主要参数

表 2-2-7　普通外螺纹主要参数及计算公式

名称	代号	计算公式
牙型角	α	
螺距	P	
螺纹大径	d	
螺纹中径	d_2	
牙型高度	h_1	
螺纹小径	d_1	

（2）车外螺纹圆柱面直径及螺纹实际小径的确定

车塑性材料的螺纹时，车刀的挤压作用会使外径胀大，故车螺纹外圆柱面时直径应比螺纹公称直径（螺纹大径）________________。

螺纹实际牙型高度考虑刀尖圆弧半径等因素的影响，螺纹实际小径为________________。

（3）将切削螺纹时各种进刀方式的特点及应用填入表 2-2-8 中。

表 2-2-8　切削螺纹时各种进刀方式的特点及应用

进刀方式	图示	特点及应用
直进法		

续表

进刀方式	图示	特点及应用
斜进法		
左右切削法		

（4）进给次数及背吃刀量的分配

采用直进法进刀时，刀具越接近螺纹牙底，切削__________；为避免因切削力过大而损坏刀具，背吃刀量应______________，如图 2–2–13 所示。

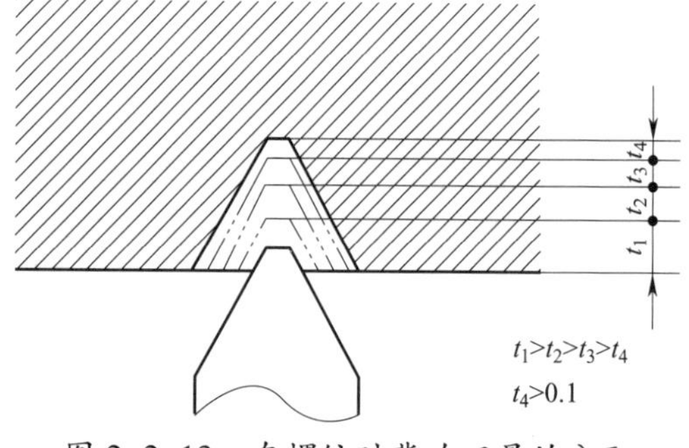

图 2–2–13　车螺纹时背吃刀量的分配

用硬质合金刀具车削时，为保证螺纹表面质量，最后一刀背吃刀量一般不能小于____________。

常见螺纹的进给次数及背吃刀量见表 2–2–9。

表 2–2–9　常见螺纹的进给次数及背吃刀量（米制螺纹）　mm

螺距		1	1.5	2	2.5	3	3.5	4
牙高（半径）		0.65	0.975	1.3	1.625	1.95	2.275	2.6
背吃刀量（直径）		1.3	1.95	2.6	3.25	3.9	4.55	5.2
进给次数及背吃刀量（直径）	1	0.7	0.8	0.8	1.0	1.2	1.5	1.5
	2	0.4	0.5	0.6	0.7	0.7	0.7	0.8
	3	0.2	0.5	0.6	0.6	0.6	0.6	0.6
	4		0.15	0.4	0.4	0.4	0.6	0.6
	5			0.2	0.4	0.4	0.4	0.4
	6				0.15	0.4	0.4	0.4
	7					0.2	0.2	0.4
	8						0.15	0.3
	9							0.2

（5）刀具的选择

外圆加工选用 90° 偏刀，外沟槽加工用车槽刀，切削螺纹选用______________，如图 2-2-14 所示。

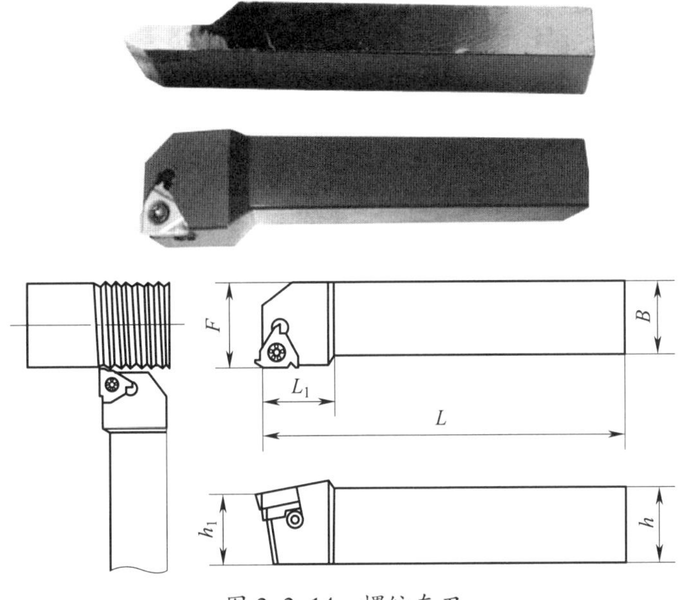

图 2-2-14　螺纹车刀

2．程序编制及运用

（1）螺纹切削

FANUC 系统执行螺纹切削复合循环指令 G76 时，其加工轨迹如图 2-2-15 所示，其单边切削及参数如图 2-2-16 所示，请回答下列问题。

1）指令格式：

G76____；

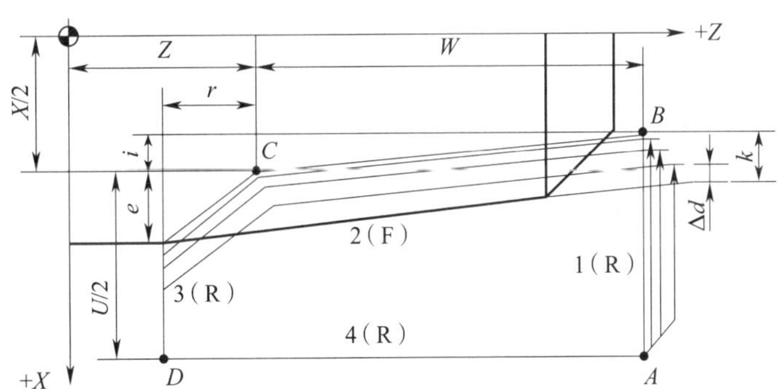

图 2-2-15　螺纹切削复合循环指令 G76 加工轨迹

A 为螺纹起刀点；

B → *C* 为螺纹 *X* 方向的切削；

C → *D* 为螺纹 *Z* 方向的切出；

D 为螺纹退刀点；

$D \rightarrow A$ 为快速移动。

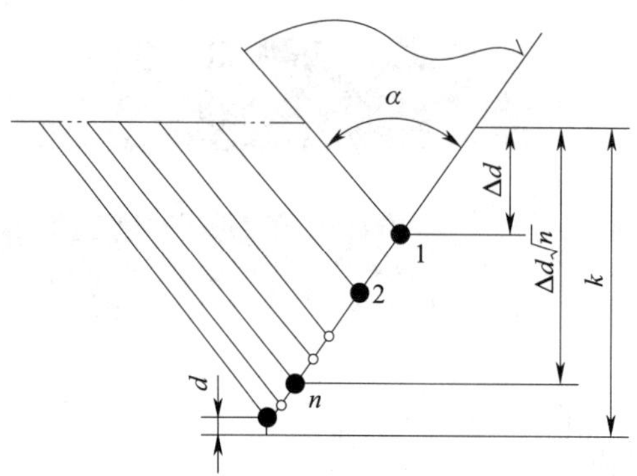

图 2–2–16　G76 指令循环单边切削及参数

作用：用于螺纹切削循环加工。在此循环中，刀具为单侧刃加工，刀尖的负载可以减轻，第一次切入量为 Δd，第 n 次为 $\Delta d\sqrt{n}$，每次切削量是一定的。

2）根据表 2–2–10 写出 G76 指令各代码的含义。

表 2–2–10　G76 指令各代码的含义

指令代码		含义
P	（m）	
	（r）	
	（α）	
Q（Δd_{min}）		
R（d）		
X（U）		
Z（W）		
R（i）		
P（k）		
Q（Δd）		
F（f）		

（2）恒线速控制（G96、G97）

恒线速控制是指____________随着刀具的位置变化，根据线速度计算出主轴转速，并把与其对应的电压值输出给主轴控制部分，使刀具瞬间的位置与________保持恒定的关系，如图 2–2–17 所示。

线速度的单位为 m/min。

恒线速控制指令如下：

G96 S__;

S 指定______________________________________。

取消恒线速控制指令如下：

G97 S__;

S 指定______________________________________。

注：线速度单位根据机床厂家不同有时会不同，恒线速控制时，旋转轴必须设定在工件坐标系的 Z 轴（X=0）。

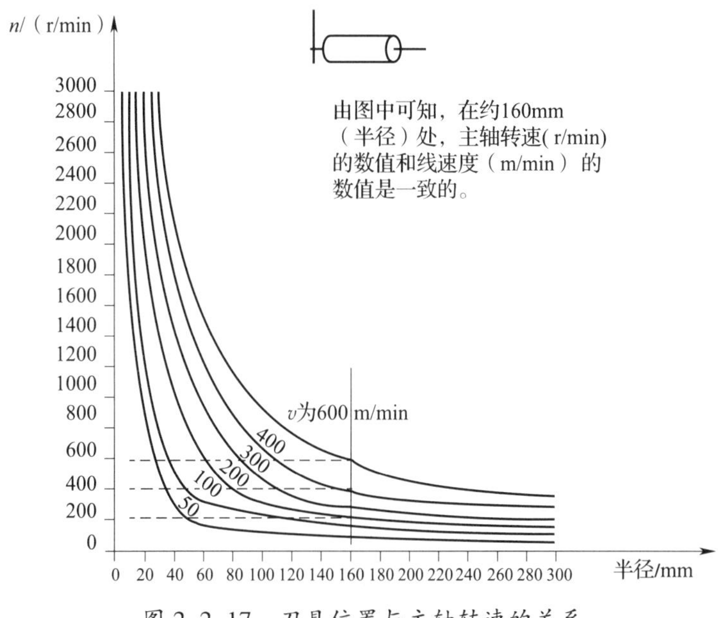

图 2-2-17　刀具位置与主轴转速的关系

3．螺纹车刀安装要求

安装螺纹车刀时，首先要确定工件中心高，刀尖位置一般应对准________________。

螺纹车刀刀尖要与车床____________________等高，一般可根据尾座顶尖的高度进行调整和检查，如图 2-2-18 所示。如果是高速车削螺纹，为防止车削时产生振动和“扎刀”现象，外螺纹车刀刀尖也可以比工件中心高 0.1 ~ 0.2 mm，必要时可采用弹性刀柄螺纹车刀。

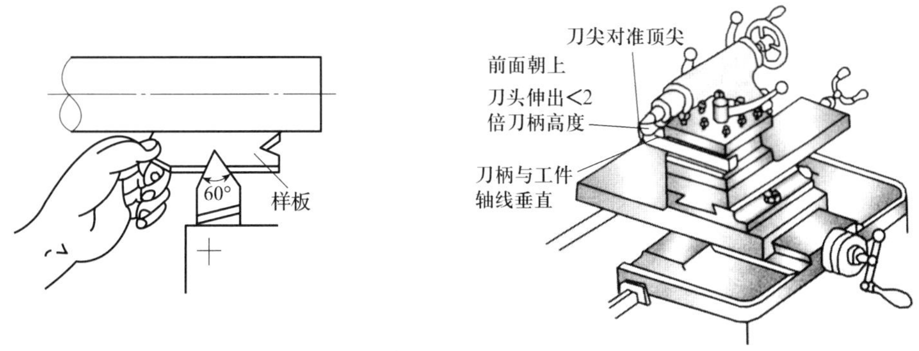

图 2-2-18　尾座顶尖对准工件中心高

四、杯子型腔加工的刀具路径（见表 2–2–11）

1．编程顺序包括外圆粗车、外圆精车、内孔粗车、内孔精车、掉头外圆粗车、外圆和端面精车、内孔粗车、内孔精车。

表 2–2–11　　杯子型腔加工刀具路径

序号	加工图示	编程路径图示	仿真图示	加工参数设置（参考）
1		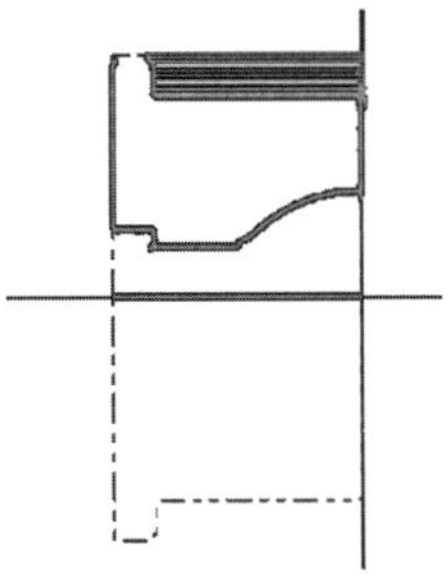		外圆粗车： 刀具：外圆车刀 转速：1 200 r/min 进给量：0.2 mm/r
2	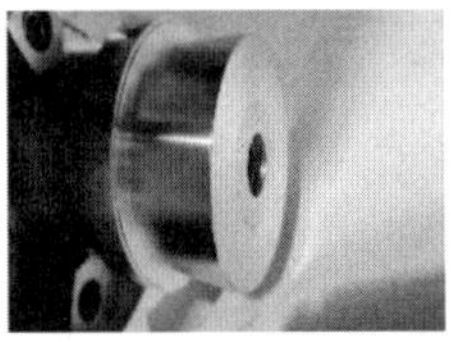	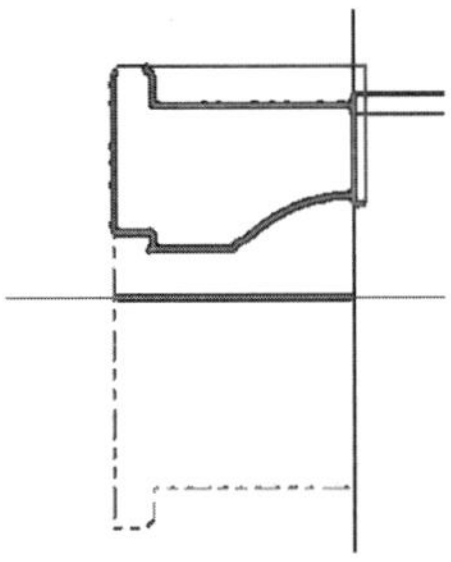		外圆精车： 刀具：外圆车刀 转速：2 000 r/min 进给量：0.08 mm/r
3	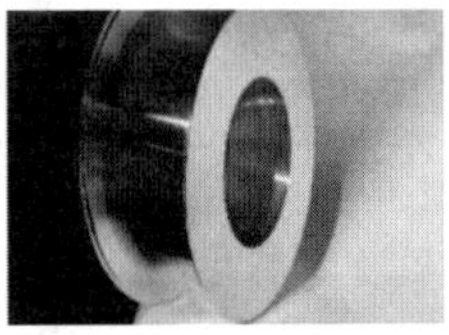	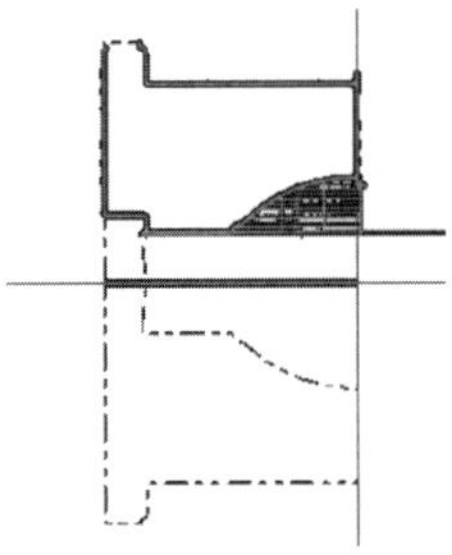		内孔粗车： 刀具：内孔车刀 转速：1 200 r/min 进给量：0.2 mm/r
4		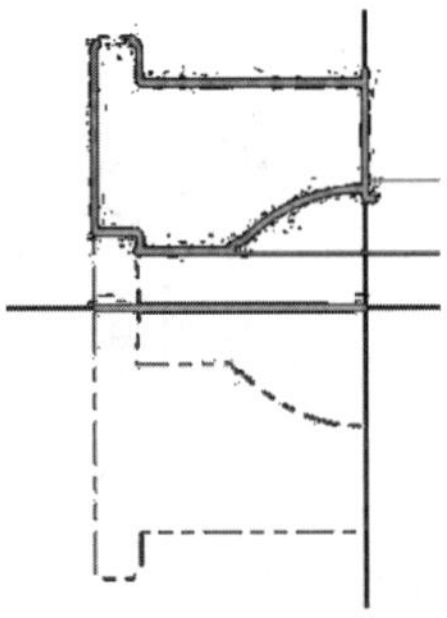		内孔精车： 刀具：内孔车刀 转速：2 000 r/min 进给量：0.08 mm/r

续表

序号	加工图示	编程路径图示	仿真图示	加工参数设置（参考）
5	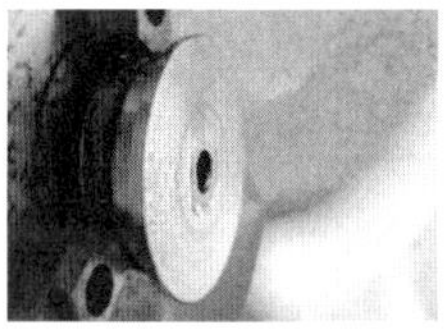	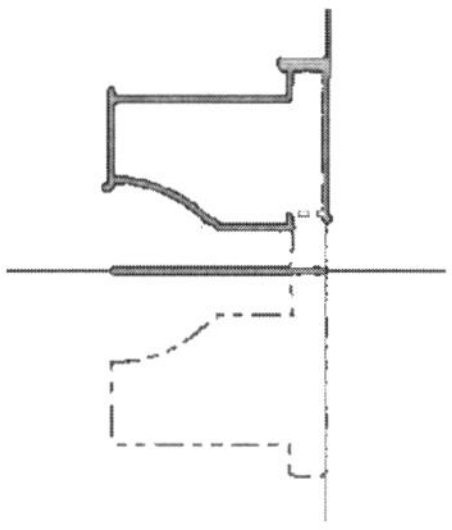		掉头外圆粗车： 刀具：外圆车刀 转速：1 200 r/min 进给量：0.2 mm/r
6		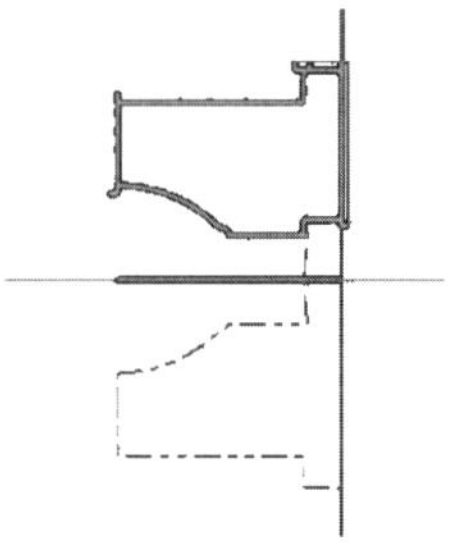		外圆和端面精车： 刀具：外圆车刀 转速：2 000 r/min 进给量：0.08 mm/r
7		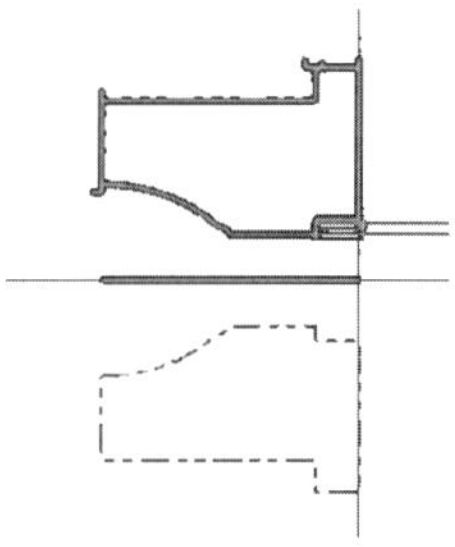		内孔粗车： 刀具：内孔车刀 转速：1 200 r/min 进给量：0.2 mm/r
8	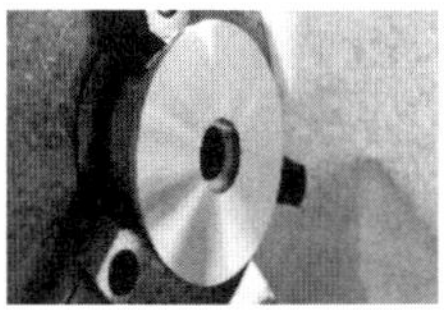	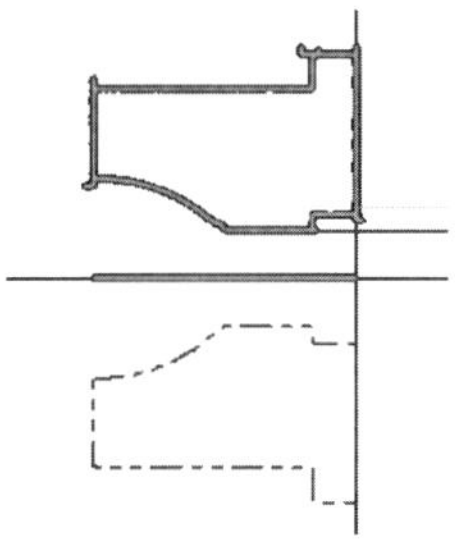	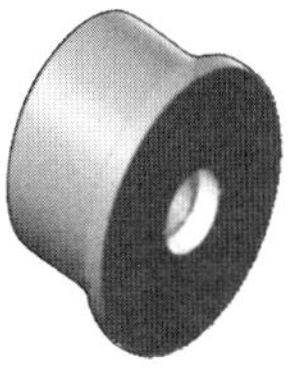	内孔精车： 刀具：内孔车刀 转速：2 000 r/min 进给量：0.08 mm/r

（1）工件的装夹方式是______________________________。

（2）将数控加工工序填入表 2–2–12 中。

表 2-2-12　　　　数控加工工序卡

工步号	工步内容	刀具	切削用量		
			背吃刀量 / mm	主轴转速 /（r/min）	进给量 /（mm/r）
1					
2					
3					
4					

2．根据加工要求，考虑现场的实际条件，各小组成员共同分析、讨论并确定合理的加工工艺计划，填入表 2-2-13 中。

表 2-2-13　　　　加工工艺计划

序号	图示	加工内容	尺寸精度	注意事项	备注
1					
2					
3					
4					
5					
6					
7					
8					

五、机床保养，场地清理

加工完毕，按照车间规定整理现场，清扫切屑，保养机床，并正确处置废油液等废弃物；按车间规定填写交接班记录（见附表 1）和设备日常保养记录卡（见附表 2）。

世赛小知识

第 46 届世界技能大赛将在中国上海举办。2019 年 8 月 26 日晚，第 46 届世赛组委会揭晓了下届世赛的吉祥物、主题口号。

经过向全社会公开征集，第 46 届世界技能大赛吉祥物确定为一组一男一女卡通图案，男孩叫“能能”，女孩叫“巧巧”，寓意“能工巧匠”。吉祥物整体造型是上海地标建筑——东方明珠，他们身着工装服，戴着防护镜和工作手套，手上托着代表传统工匠精神的鲁班锁，竖起拇指，敞开双臂，意味着欢迎全球技能健儿来到上海同台竞技，合作交流。

第 46 届世赛主题口号为“一技之长，能动天下（Master skills, Change the world）”。这一主题口号的含义是“技能是推动人类文明发展的原动力，是全球共同的财富；掌握技能，改变世界，引领未来，造福人类”。

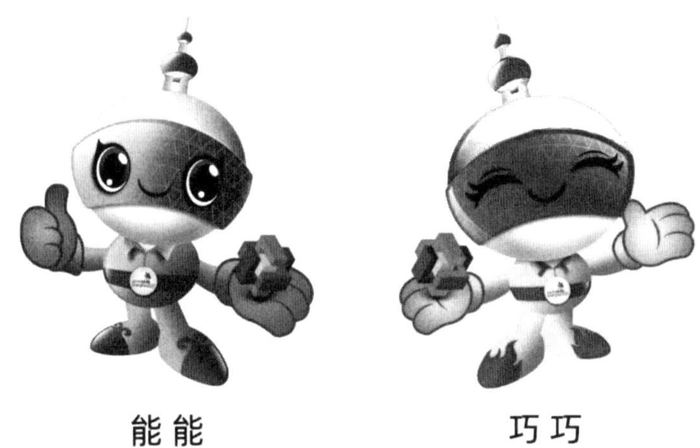

能能　　巧巧

学习活动 4　杯子型腔产品检测

学习目标

1. 能正确使用游标卡尺、深度游标卡尺、千分尺、表面粗糙度样板等对杯子型腔进行检测，并准确记录检测结果。

2. 能写出产品质量检验过程及结果。

3. 能正确、规范地撰写总结。

4. 能对常用手工工具进行维护与保养。

5. 能根据现场管理规范要求，清理场地，归置物品，并按环保要求处理废弃物。

建议学时　6 学时。

学习过程

一、领取检测用量具

1．杯子型腔需要测量哪些要素？

2．根据测量要素，列出零件在检测过程中要用到的量具，将其规格及检测内容填入表 2–2–14 中。

表 2–2–14　杯子型腔检测量具及检测内容

序号	量具名称	量具规格（精度）	检测内容
1			
2			
3			
4			

3．交检验人员验收合格后（以三坐标测量仪检测为准），填写生产任务单。

二、杯子型腔产品检测

按表 2-2-15 检验所加工的杯子型腔是否合格。

表 2-2-15　　杯子型腔评分标准

序号	项目与技术要求	评分项目	评分标准	配分	自检	互检	用三坐标测量仪检测数值	得分
1	零件正面尺寸	$\phi(125\pm0.05)$ mm	超差不得分	5				
2		(10 ± 0.02)mm	超差不得分	5				
3		(10 ± 0.02)mm	超差不得分	5				
4		$60^{+0.04}_{0}$ mm	超差不得分	10				
5		ϕ110h7	超差不得分	10				
6		ϕ21H7	超差不得分	10				
7		$30.5^{0}_{-0.04}$ mm	超差不得分	10				
8		$R70.4$ mm	超差不得分	5				
9		◎ | $\phi0.02$ | C	超差不得分	10				
10	表面质量	$Ra\leqslant0.025$ μm	超差不得分	5				
11	倒角	一处未加工扣 2 分，一处锐边未倒钝扣 2 分		4				
12	职业素养	工具、量具、刀具分区摆放		3				
13		工具摆放整齐、规范且不重叠		3				
14		量具摆放整齐、规范且不重叠		3				
15		刀具摆放整齐、规范且不重叠		3				
16		工作服、工作帽、工作鞋穿戴规范		3				
17		加工后清理现场		3				
18		现场操作表现		3				
19	其他项目	未注尺寸公差按 GB/T 1804—m		扣分不超过 10 分				
20		工件必须完整，局部无缺陷（夹伤等）						
总分				100				

三、清理现场，归置物品

1．良好的工作习惯是在工作过程中有意识地养成的，这一点对于一名具有良好职业素养的高技能人才而言尤其重要。在每天的学习及实训工作中，你是如何做好整理工作台、合理及整齐放置工具和量具、日常维护及保养设备等工作的?

2．本学习任务所用量具的日常维护与保养各包括哪些工作?

学习活动 5　杯子型腔产品总结与展示

学习目标

1. 能自信地展示自己的产品，讲述自己产品的优势和特点。
2. 能倾听别人对自己产品的点评。
3. 能听取别人的建议并对产品加工工艺加以改进。
4. 能采用多种形式进行成果展示。
5. 能正确对其他小组的产品进行评价，并提出建议。

建议学时　6 学时。

学习过程

通过小组的展示，采用对小组进行评价和对个人进行评价两种评价方式，其中小组评价采用小组自评、小组互评、教师评价三种方式进行评价。

一、小组展示评价要求

各小组展示制作好的工件，并由小组推荐代表做必要的介绍。在展示过程中，以组为单位进行评价，其他组对展示小组的成果进行相应的评价，展示小组同时也接受其他组的提问，并做出回答，提问小组事先要为所提问题提供一个参考答案。

展示内容要体现本组加工工艺、分工情况、产品完成情况、能否按期交付及小组成员的合作情况，小组展示可通过 PPT、图片、海报、录像等形式，时间控制在 10 min 内。

二、各小组根据要求填写以下内容。

1．写出本产品在加工过程中存在的问题和待改进的地方。

2．从自己的角度出发写出小组成果展示方案。

3．如何更好地展示出本组加工的产品？通过小组讨论定出方案。

三、相关评价表格。

1．小组自评表（见表 2-2-16）

表 2-2-16 ___________班___________小组自评表

评价内容	评价标准				配分	得分
	10 ~ 8	8 ~ 6	6 ~ 3	3 ~ 0		
1．加工产品是否符合技术要求	合格	不良	返修	报废	10	
2．与其他组相比，你认为本小组的安全防护如何	优	合理	一般	差	10	
3．本小组介绍成果表达是否清晰	良好	一般	差		10	
4．本小组成员的基本操作方法是否正确	正确	部分正确	不正确		10	
5．本小组进行演示操作时是否遵循了“6S”的工作要求	符合工作要求	忽略部分要求	完全没有遵循		10	
6．本小组成员的团队合作精神与创新精神如何	良好	一般	较差		10	
7．总结本小组这次学习任务是否达到学习目标？对本小组的建议是什么					40	
总分					100	

小组长签名： 年 月 日

2．小组互评表（见表 2-2-17）

表 2-2-17 ___________班___________小组互评表

评价内容	评价标准				配分	得分
	10 ~ 8	8 ~ 6	6 ~ 3	3 ~ 0		
1．该小组加工产品是否符合技术标准	合格	不良	返修	报废	10	
2．与其他组相比，你认为该小组的安全防护如何	优	合理	一般	差	10	

续表

评价内容	评价标准				配分	得分
	10 ~ 8	8 ~ 6	6 ~ 3	3 ~ 0		
3．该小组介绍成果表达是否清晰	良好	一般	差		10	
4．该小组进行演示时基本操作方法是否正确	正确	部分正确	不正确		10	
5．该小组进行演示操作时是否遵循了“6S”的工作要求	符合工作要求	忽略部分要求	完全没有遵循		10	
6．该小组成员的团队合作精神与创新精神如何	良好	一般	较差		10	
7．总结该小组这次学习任务是否达到学习目标？对该小组的建议是什么					40	
总分					100	

小组长签名：　　　　　　　　　　年　　月　　日

四、教师对展示的情况分别做评价

1．找出各组的优点进行点评。

2．对展示过程中各组的缺点进行点评，并提出改进方法。

3．总结整个学习任务完成过程中出现的亮点和不足。

五、小组总体评价

小组总体评价表见表 2–2–18。

表 2–2–18　　　　＿＿＿＿班＿＿＿＿小组总体评价表

评价内容	配分	得分	签名
小组自评（10%）	10		
小组互评（20%）	20		
教师评价（70%）	70		
教师对小组总体评价			
总分	100		

任课教师签名：　　　　年　　月　　日

六、关键能力评价

1．自我评价表（见表 2–2–19）

表 2–2–19　　　　＿＿＿＿自我评价表

评价内容	评价标准	努力方向或建议
1. 你负责的部分任务完成情况是否正常	正常 □ 不正常 □ 基本正常 □	
2. 你觉得自己在小组中发挥了什么作用	主导作用 □ 配合作用 □ 旁观者作用 □	
3. 你对本学习任务的学习是否满意？与小组内的其他同学合作是否愉快	很好 □ 一般 □ 不太满意 □	

续表

评价内容	评价标准	努力方向或建议
4．完成本学习任务后，你学会使用哪些资源查找相关的资料	课本□　教师□ 手册□　计算机□ 其他□（可多选）	
5．通过完成本学习任务，你对本项目内容有一个初步的认识吗？哪些方面还有待进一步改善	完全掌握 □ 大部分掌握 □ 掌握一点 □ 没有 □	
6．完成工作页的质量	独立完成 □ 依靠别人帮助 □	
7．在完成本学习任务的过程中你是否遇到过困难？遇到过哪些困难？你是怎样解决的		

本人签名：　　　　　　　　　　　　　　　　　　　　年　　月　　日

2．个人总体评价表（见表 2-2-20）

表 2-2-20　　　　＿＿＿＿班＿＿＿＿同学总体评价表

评价内容	项目	配分	自我评价	小组评价	教师评价	综合评价
专业能力	机床保养	20				
	基本操作	15				
	安全文明生产	15				
社会能力	出勤、纪律、态度	8	教师评价			
	讨论、互动、协作精神	10				
	表达、会话	8				
方法能力	学习能力、收集和处理信息能力、创新精神	24				
总分		100				

教师签名：　　　　　　　　　　　　　　　　　　　　年　　月　　日

附表 1

交接班记录

设备名称：　　　　设备编号：　　　　使用班组：

项目	设备	工具	量具	夹具	刀具	图样	成品	半成品
数量 使用情况 （交班人填）								
交班人								
接班人								
日期								

附表 2

设备日常保养记录卡

设备名称：　　设备编号：　　使用部门：　　日期：　　存档编码：

日期 / 保养内容	1	2	3	4	5	6	7	8	9	10	11	12	13	14	15	16	17	18	19	20	21	22	23	24	25	26	27	28	29	30	31
环境卫生																															
机身整洁																															
加油润滑																															
工具整齐																															
电器损坏																															
机械损坏																															
保养人																															
机械异常备注																															

审核：　　　　年　　月　　日